U0196266

蝌蚪是谁的孩子

主　编　刘　哲
副主编　高　洁

多样的生命世界
悦读自然系列

少年儿童出版社

多样的生命世界·悦读自然系列
编委会

撰　稿

（以姓氏笔画为序）

于蓬泽　云　哥　石亚亚　汤笑白　杨　旭　肖南燕　何　鑫　张　伟
张　昱　陈智威　郦　珊　胡　恺　赵雯君　顾邹玥　夏建宏　徐呈双
徐　蕾　唐欣荣　唐保军　高　洁　高　艳　龚宇舟　曹晓华　韩俊杰
葛致远　程起群　裘颖莹　蔡敏琪

供　图

（以姓氏笔画为序）

云　哥　毛　毛　邓正华　双　花　石胜超　李　帆　杨　旭　何　鑫
张　伟　张寒野　阿　艺　郑渝池　胡　恺　闻海波　顾邹玥　夏建宏
高　洁　龚宇舟　葛致远　缪靖翎

部分图源

中国科学院　视觉中国　全景

有声播讲

余一鸣

目录

大闸蟹，不仅仅是一道美食

文 / 曹晓华

餐桌上的大闸蟹（高洁 摄）

秋高气爽，丹桂飘香。对美食爱好者来说，秋天除了月饼、柿子和桂花糖藕以外，最令人期待的就是大闸蟹了。

大闸蟹，学名中华绒螯蟹（*Eriocheir sinensis*），因其螯足上密布绒毛而得名，属于节肢动物门甲壳纲十足目方蟹科绒螯蟹属，是我国分布广泛的经济蟹类，长江口是其主要的产卵地，沿江的五大湖泊是大闸蟹育肥的场所。

关于“大闸蟹”这个名称的由来，有多种说法。比如从上海话的“煠”演变而来，“煠”和“炸”同音，水煮的意思，如上海家常小菜煠毛豆，就是水煮毛豆，那么“大煠蟹”就是水煮螃蟹，时间长了“煠”被“闸”取代，“大闸蟹”才闪亮登场。还有另一种解释：捉蟹的人在河湾上放一个竹闸，晚上点上灯，螃蟹看到亮光就爬上竹闸，方便了捉蟹的人。“闸”字从捕螃蟹的工具而来，更有说服力一些，因为螃蟹确实有趋光性。

提到大闸蟹的产地，最有名的当属阳澄湖，那里养殖的蟹有青背、白肚、黄毛、金爪的特点，个头大，味道鲜美。然而，每年秋天总有些不法商家会用“洗澡蟹”来冒充阳澄湖大闸蟹。那么，怎样的蟹才能算得上是正宗的阳澄湖大闸蟹呢？那就得先从大闸蟹的生活史聊起。

大闸蟹的生活史分为5个阶段：卵—溞状幼体—大眼幼体—幼蟹（扣蟹）—成蟹。它们的第1～第2阶段都在咸水中度过，到第3阶段后期或第4阶段才开始溯河洄游，前往淡水区域继续生长发育。所以，大闸蟹是需要在淡水和咸水中交替生活的。

阳澄湖是著名的淡水湖泊。虽然大闸蟹生活史中的前半阶段在海水中度过，但周期极短，而在淡水中的时间要长得多。当大闸蟹长到差不多指甲盖大小时，就成了我们所说的蟹苗，这时它们会被运往各大湖泊和人工池塘中继续育肥。而“洗澡蟹”一般是指大闸蟹在别处生长至成熟期后才被运送到阳澄湖，随即以“阳澄湖蟹”的名义销售，这些蟹本非阳澄湖所产，只是好像在阳澄湖“洗了一个澡”。

吐泡泡的大闸蟹（高洁 摄）

大闸蟹通过头胸部两侧灰白色的腮呼吸，水流经过海绵状的腮，水中的氧气和血液中的二氧化碳交换成功，之后螃蟹再通过口器把水吐出来。

已被捕获捆扎的大闸蟹，腮腔里还有残留的水分，在呼吸的时候有大量空气进入，所以螃蟹就吐泡泡啦。因此，在家里保存活蟹时，可盖上湿毛巾冷藏，保持环境湿润即可。大闸蟹即便是被五花大绑，憋屈得不能动弹，但只要它仍在不停地吐沫，就证明其活力依旧。

判断大闸蟹是不是仍具活力的另一个方法就是轻轻触碰它的眼，如果大闸蟹反应灵敏，能很快将眼收回眼窝之中，说明它“精神”不错，生命力还相当旺盛。

大闸蟹和它的蟹亲戚们，都长着一双不一般的眼——柄眼。柄眼是节肢动物的复眼，顾名思义，就是长着“柄”的眼睛。作为节肢动物的螃蟹，复眼包着一层角膜，长在一对小杆子上，而那个小杆子就叫作“眼柄”，里面是神经束。眼柄的末端可以活动自如，直立起来后视野广阔，真正做到“眼观六路”。

螃蟹生性好斗，在打斗过程中，眼睛容易受伤，但是只要不伤及眼柄，眼睛会自愈，甚至长出新的眼睛。柄眼的形成和螃蟹的生存环境紧密相关。大多数螃蟹在泥沙浅滩中生存，没有“脖子”的螃蟹们不可能转来转去查看敌情。要想洞察周围的环境，躲避危险，更好地隐蔽自己、捕获食物，一双可以直立转动的眼就帮了大忙。这些球面的复眼，让螃蟹能感知到前后的动静，迅速做出反应。即便是藏在石头缝和淤泥中，螃蟹也可以悄悄地探出眼来，暗中观察。

需要注意的是，海蟹因为捕捞上岸后立即冷冻，在很大程度上延缓抑制了细菌的繁殖，所以冷冻的海蟹依然可以食用。但是河蟹则不同，死亡的河蟹体内细菌会大量繁殖，产生毒素，很快就腐坏变质了，所以千万不要食用死河蟹！

天津厚蟹（张寒野 摄）

蟛蜞

在上海崇明等地，还有一种常见的小蟹，叫作“蟛蜞”，也叫“螃蜞”，学名天津厚蟹（*Helice tientsinensis*）。这种小蟹的两只螯光溜溜的，可以用来制作蟹酱，它们和威风凛凛的大闸蟹可不是一个种哦。

海蟹里的“老大哥”

文／高　艳

要说现在海洋里最大的哺乳动物，那可非蓝鲸莫属了。可你知道海洋里个体最大的螃蟹吗？它就是甘氏巨螯蟹。

甘氏巨螯蟹（*Macrocheira kaempferi*），也称日本蜘蛛蟹、高脚蟹，形似蜘蛛。在分类学上，甘氏巨螯蟹属于软甲纲十足目蜘蛛蟹科巨螯蟹属，是该属中唯一存活至今的物种。它是现存最大的海洋节肢动物，最大个体的螯肢展开后可达4.2米。它们生活在海底，平时迈着“太空步”，横行在深海的水底。它们的主要活动区域在水下500～600米处，在近千米深的深海中也曾有活体被发现，通常它们只在春季时才到浅海处繁殖。甘氏巨螯蟹主要分布于日本周围海域，在我国东海也有零星出没。

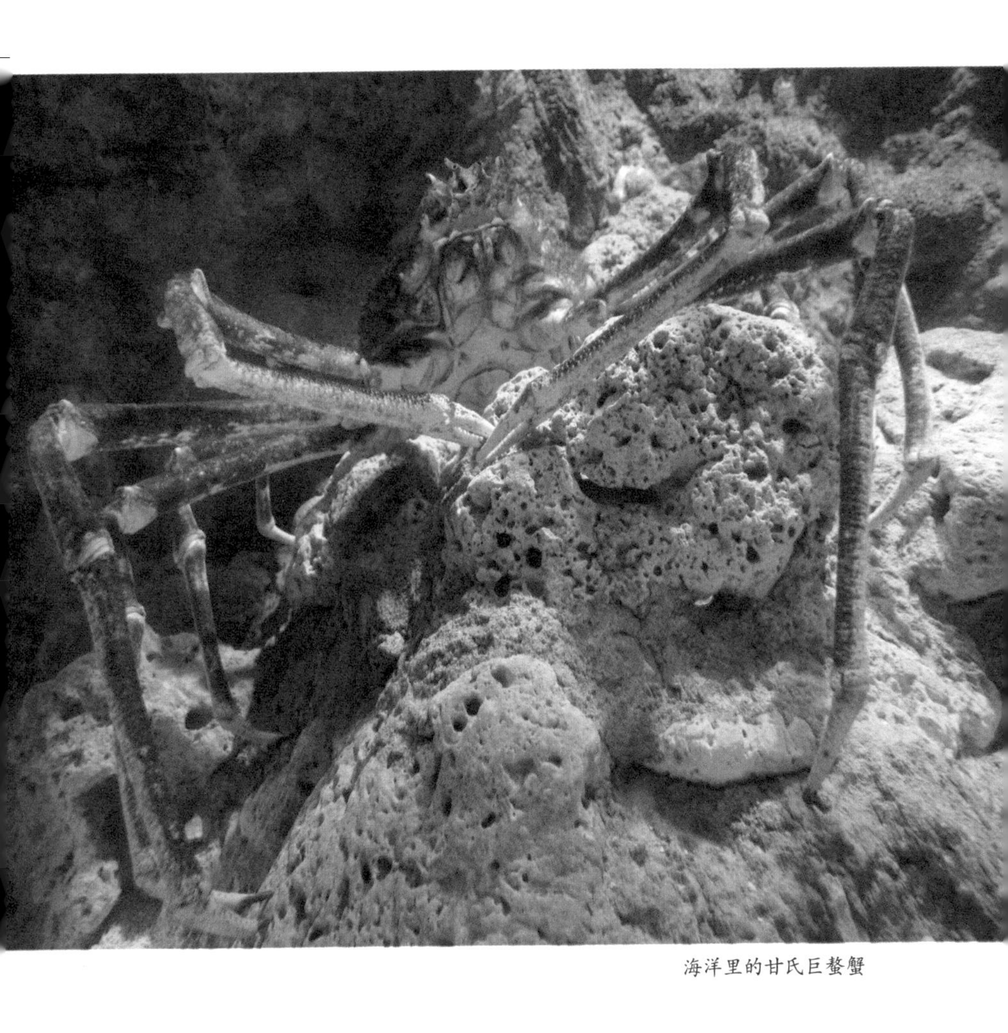

海洋里的甘氏巨螯蟹

甘氏巨螯蟹还有一个英文俗名——“Dead Man Crab”，杀人蟹。传说它们在海岸上把人杀死，分而食之。难道这是真的？

甘氏巨螯蟹杂食，主要以小鱼、小蟹和贝类为食，也吃腐肉。它们非常善于对付鱼类，被它盯上的猎物几乎无法逃脱。据说，它们的食谱中甚至有鲨鱼。至于杀人蟹的传闻，其实是因为甘氏巨螯蟹有食腐的习性，它们常在海底捡食各种动物的腐尸，因此获得了“Dead Man Crab”的俗名，直译就是“杀人蟹”。实际上，它们不但杀不了人，反而因为个大味美、行动迟滞易捕捉，常常沦为人类口中的美食以及水族馆的“阶下囚”。

甘氏巨螯蟹的产卵量巨大，平均每只雌蟹一次可以产卵超万颗。2003年，它们更是创下了人工配对并产下一百万颗卵的纪录。同时，为了提高孵化率，像多数种类的蟹一样，甘氏巨螯蟹妈妈也会抱卵——受精卵黏附在母蟹腹肢上直到孵出幼体。

甘氏巨螯蟹从卵孵出到长成一龄幼体，变化巨大；从一龄幼体长到成体要不断蜕皮，甚至长成成体后仍然需要蜕皮。成体蟹的蜕皮过程非常漫长，往往要持续8小时以上。刚刚蜕皮的甘氏巨螯蟹身体软软的，很容易受到天敌或者同类的伤害。待身体吸收足够的钙、磷等营养元素后，它们的外骨骼才会硬化起来，起到保护作用。硬化过程也需要持续很长时间，大多数情况下会远大于它们的蜕皮时间，有些需要一昼夜才能完全硬化。甘氏巨螯蟹寿命很长，长寿者可活百年之久。

甘氏巨螯蟹具有体形和寿命优势，却算不上深海中的霸主。近年来，甘氏巨螯蟹的种群数量在不断下降，能够捕获的个体体形也在不断变小，渔民往往要“潜入”更深的深海中才能找到它们的身影。

春天是它们的繁殖期，此时是禁止捕捞甘氏巨螯蟹的。

甘氏巨螯蟹

博物馆里的甘氏巨螯蟹

在上海自然博物馆的“生命长河”展区和“缤纷生命”展区里，都陈列着甘氏巨螯蟹的标本。尤其是“生命长河”展区里的那具标本，它是1896年在日本东京湾捕获的一只雄蟹，此蟹头胸甲长约40厘米，两只螯肢伸开时足有3米宽，是上海自然博物馆展品中的“元老”呢。

贝壳中的炫彩珍珠

文 / 唐保军

打开的三角帆蚌（闻海波 摄）

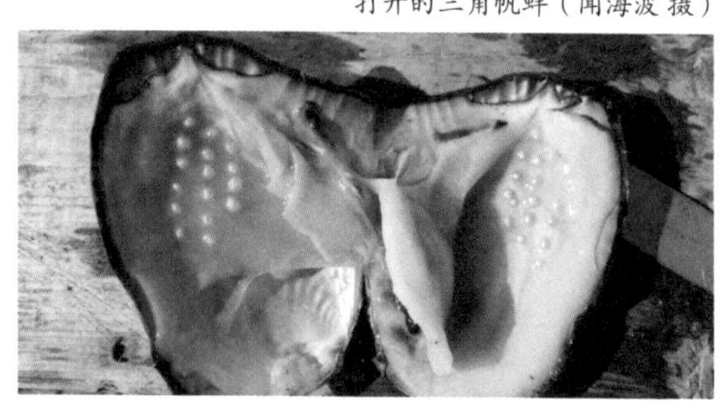

珍珠，晶莹夺目，炫彩圆润。一串珍珠项链，或者一枚珍珠戒指，让人平添一丝优雅。不过，你知道珍珠是怎么来的吗？

在无脊椎动物中，有一个软体动物门，这是仅次于节肢动物门的一个超大家庭。软体动物门下有 7 个纲，而能产生珍珠的绝大多数属于双壳纲中的珍珠贝科和蚌科。

双壳纲，顾名思义，就是身体外面有两片贝壳。这两片贝壳主要起保护作用。贝壳里面是内脏团，紧贴贝壳、包在内脏团外面的是一层膜，叫作“外套膜”。外套膜的主要作用之一是分泌物质，形成贝壳。这里就是产生珍珠的地方！

俗话说：眼里容不得沙子。如果我们的眼睛里混入了一颗小沙粒，就会觉得十分不适，非要将它尽快取出或洗出不可。同样，生活在水中的贝类的壳里也容不得沙子。不过，它对付侵入的沙粒的方法和人类不同，不是把沙粒“赶”出去，而是把沙子包起来，正是这种“策略”成就了世上灿烂的珍珠。

在贝类的生长过程中，如果外套膜和贝壳间混进了沙粒或异物，受刺激处的表皮细胞就会以异物为核，将其陷入外套膜的结缔组织中，陷入的部分外套膜表皮细胞分裂形成珍珠囊，珍珠囊上皮细胞分泌珍珠质，一层又一层把核包裹起来，渐渐就形成了珍珠。这种以异物为核形成的珍珠，被称为“有核珍珠”。

还有一种情况会产生珍珠。当外套膜病变或者受到外来刺激（受伤）时，一部分外套膜上皮细胞分离，陷入结缔组织中，形成珍珠囊后产生珍珠。这种珍珠不以异物为核，被称为“无核珍珠”。

以上是天然珍珠形成的过程，这种情形比较偶然，发生的几率很低，因此天然珍珠很少。在古代，采捕珍珠主要靠人工，以广西合浦最为著名。“君恩浩荡似阳春，合浦何如在海滨。莫趁明珠弄明月，夜深无数采珠人。”这首苏轼的诗道出了采珠人的艰辛。

随着科学的进步，人们逐渐认识到了自然珍珠形成的原理。同时，人们对于炫彩珍珠的需求已远远超出天然珍珠的产量，人工养殖珍珠随之而来——给珍珠贝掺入异物，让它围绕异物生产珍珠。具体说来就是：人们把带外套膜表皮细胞的核插进贝类的外套膜组织内，使其被珍珠质包裹，养殖一定时期后形成珍珠囊产生珍珠。目前市场上销售的珍珠绝大多数为养殖珍珠，如南洋珍珠、大溪地珍珠等都是养殖珍珠。

按生长环境，珍珠可分为淡水珍珠和海水珍珠两大类。淡水珍珠主要由蚌科贝类产出，其中三角帆蚌是生产淡水珍珠的优良品种，而海水珍珠主要由珍珠贝科的贝类产出。对于海水珍珠母贝来说，成熟长大了才能植入珠核，从育苗到养珠到采收，一般需要4～6年甚至更久，其中养珠时间需要1.5～3年。珠母贝的成活率在50%左右，并随着贝龄的增加逐渐降低。而采收的珍珠里，仅有5%的成品在圆度、光泽、表皮等方面达到高品质。

马氏珠母贝，又称合浦珠母贝（*Pinctada martensii*），是世界上海水养殖珍珠的主要贝类。此外，大珠母贝、黑珠母贝、企鹅珍珠贝也是重要的海水珍珠养殖品种。其中，黑珠母贝就是我们常说的黑蝶贝，它能够产出黑珍珠。非常有名的大溪地黑珍珠就是由黑蝶贝产出的。所以，如果有人说从三角帆蚌中取出了黑珍珠，那绝对是无稽之谈。

虽然现在的人工养殖珍珠技术已经非常发达，但无论是淡水珠还是海水珠，又大又圆且完美的珍珠仍属凤毛麟角。

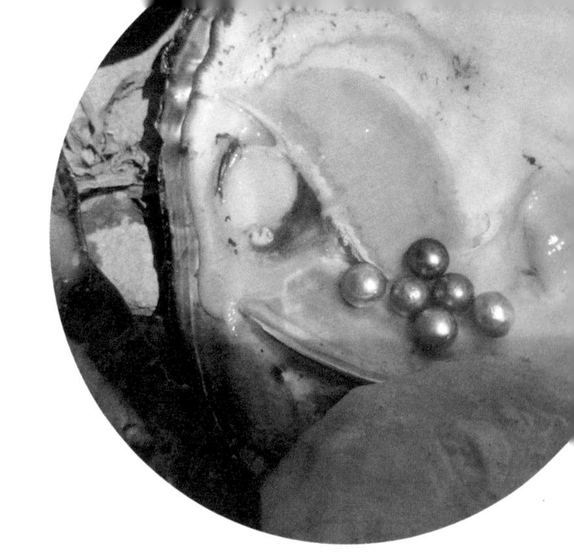

三角帆蚌（闻海波 供图）

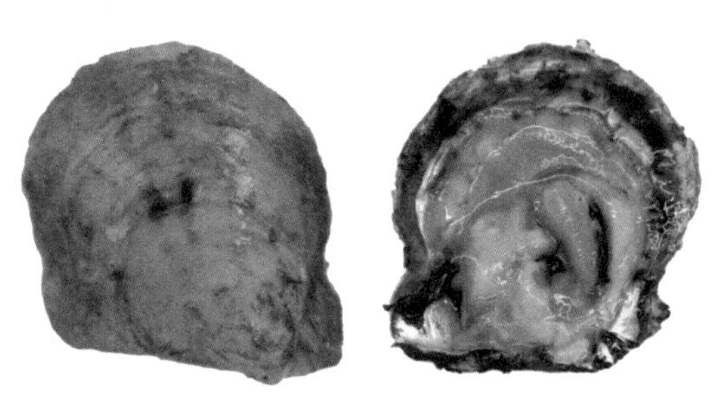

马氏珠母贝 外壳、内部（邓正华 摄）

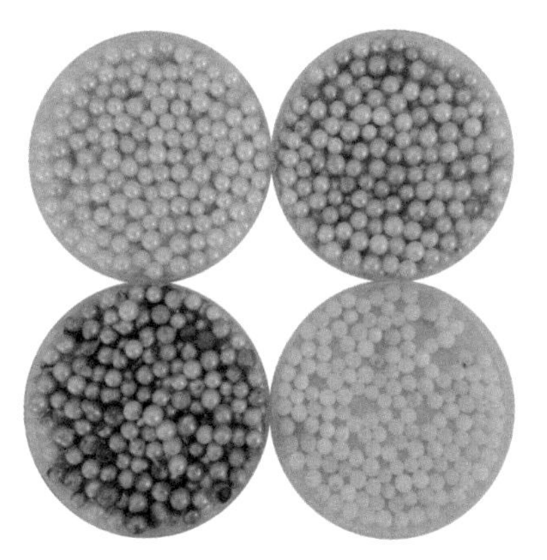

马氏珠母贝 珍珠（邓正华 摄）

大珠母贝 外壳、内部（邓正华 摄）

企鹅珍珠贝 外壳、内部（邓正华 摄）

珍珠真的会发黄吗?

通过人工养殖获得的珍珠，约 94% 的成分是碳酸钙，其余是有机物和水。碳酸钙的稳定性非常差，各种酸碱物，甚至水和空气，都能让它发生变化。因此，随着时间的流逝，珍珠的光彩会自然褪去——被氧化的珠光层会自然泛黄。所以说，珍珠也是有“寿命”的。

海底“伪装者”

文 / 赵雯君 顾邹玥

海中潜水往往会有很多意外的惊喜。其中有一些意外，来源于对伪装者的识别或重新发现。

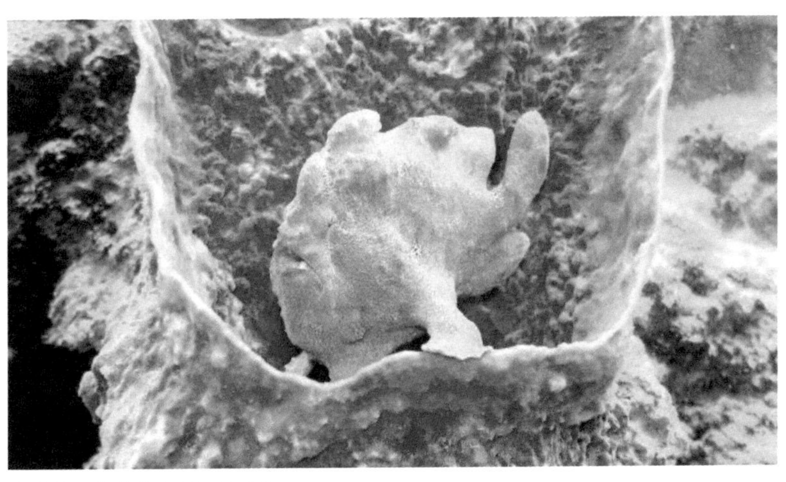

“扶墙”的躄鱼（顾邹玥 摄）

伪装成岩石的躄鱼

若非经人指点，很难发现图中居然有鱼！它们常常贴着海底岩礁，所以我们暂且叫它们“扶墙君”好了！

其实，它们有个比较正式的名字，叫作“躄鱼”，是鮟鱇目（Lophiiformes）躄鱼科（Antennariidae）躄鱼属（*Antennarius*）的鱼类。躄鱼是底栖鱼类，生活在热带的珊瑚礁或海藻繁茂处。“扶墙君”个个看上去天真无邪，实际上却有着残忍的一面，所以“不可貌相”这个词真的太适合它们了！

躄鱼借助自己身体的保护色，常常伪装成海绵或岩石。它们第一背鳍的硬棘往往特化成为吻触手，顶端长有类似诱饵的衍生物。一旦粗心的猎物靠近，它们就猛然张开布满细齿的大嘴，一口咬住猎物并将其吞入腹中！

那么“扶墙”用的两只“手”又是怎么回事呢？那其实是它们特化的胸鳍，看上去就像两只手臂，借此它们支撑起身体并在海底爬行，这让它们看上去更像蛙类。

双指鬼鲉（*Inimicus didactylus*）也是一种长得“任性”又令人迷惑的鱼，属于鲉形目毒鲉科。这种鱼的鱼嘴朝上，球状的眼睛长在头的顶部，背鳍有棘，体色呈暗灰色、褐色。它的扇状胸鳍就像一对翅膀，通常是黄色或橘色的。这类鱼一般独行或成对活动。它们昼伏夜出，白天就静静地蛰伏在海底，和礁石融为一体。

为什么叫“双指鬼鲉”呢？原来它有非常独特的胸鳍条，可独立于胸鳍的其他部分单独移动，左右各两条，看上去就像在行走一般，名字是不是超贴切！用“双指走路”，看上去就像是个很厉害的武功高手。

用“双指走路”的双指鬼鲉（顾邹玥 摄）

大菱鲆（顾邹玥 摄）

大菱鲆（*Scophthalmus maximus*）是一种近乎圆形的扁扁的海鱼，经常出现在餐桌上，属于鲽形目菱鲆科。这种鱼的另一个名字更加为人熟知，就是“多宝鱼”（Turbot）。

有趣的是，这种鱼从幼鱼到成鱼的发育过程中存在变态现象。幼鱼时期，它们和其他鱼类差不多，两只眼睛分别长在头的两侧。变态之后，右眼就移到了头的另一侧，同时头部发生大幅度偏转。最后，两只眼睛成功地在头部左侧会合！

大菱鲆有眼侧的颜色取决于海床的颜色，多为灰褐色，有黑点。无眼侧逐渐变成白色，成为鱼的腹部。它“躺”在海底的时候可以直接隐身，静静地等待猎物从身边游过，伺机捕杀。

古氏新魟（顾邹玥 摄）

鲼形目魟科新魟属下的古氏新魟（*Neotrygon kuhlii*）是一种软骨鱼类。游动的时候，古氏新魟摆动身体两侧宽大的胸鳍，就像在海中飞翔一样。

古氏新魟的体盘是菱形的，吻端圆钝不突出，有突起的大眼睛，眼部还有暗色横斑，像是戴着眼罩，很是可爱！它的身体背部是褐色的，有边缘颜色较深的大大小小的蓝点，体盘外缘颜色比较淡，尾部呈暗褐色，后部有几个白色环带。值得注意的是，这种鱼的尾部有带毒腺的尾刺。

古氏新魟也是伪装高手，它们常将身体埋入沙中，仅露出两眼及呼吸孔，伺机捕食底栖虾蟹。

博氏孔鲬（顾邹玥 摄）

鲬科的博氏孔鲬（*Cymbacephalus beauforti*）有个很厉害的英文名，叫作“crocodile fish”，意思是“鳄鱼一样的鱼”。它的身体长而平扁，向后逐渐变细，头部特别平扁，长着各种小棘和棱脊，眼眶间隔稍宽。这种鱼的体色多变，上部为深色，下部颜色较淡，背部及体侧有不规则的斑纹。这些斑纹和体色是很好的伪装，可以轻易地骗过猎物，助其捕食。

博氏孔鲬是埋身沙地或泥地的底栖鱼类，日出而作，日落而息。白天，利用体色的拟态隐身于沙泥地中，只露出双眼帮助捕食虾、蟹及小鱼等；晚上则埋入沙泥中睡眠。

运气好的话，在海底还能看到颈环双锯鱼（*Amphiprion perideraion*）。它们又叫粉红小丑鱼，喜欢在某些海葵的触须丛里安家。

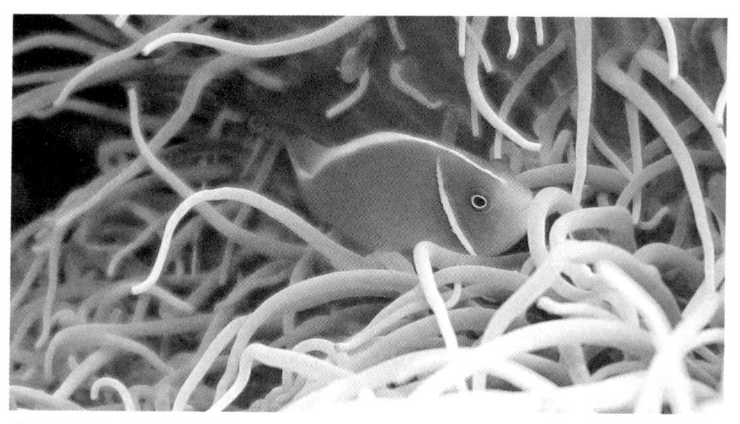

颈环双锯鱼（顾邹玥 摄）

小丑鱼是雀鲷科（Pomacentridae）双锯鱼属（*Amphiprion*）鱼类的俗称，一般呈黄、橘、红或黑色，身上大都有白色条纹或斑块。颈环双锯鱼最明显的特征是鳃盖部分有一条白色窄纹，另外还有一条白色窄纹从吻端沿背鳍基底一直延伸至尾柄末端。

每个小丑鱼种群都由一条作为首领的雌鱼和几条雄鱼组成，后者在青年期是雌雄同体的。如果雌性死亡，其中一条成年雄性将经历性激素变化，转变成为该种群中的新首领。它们的体形大小和各自在群体中的等级大小保持一致，一般来说，群体中的雌性首领体形最大。

在珊瑚礁区，有时候可以看到成群的条纹虾鱼（*Aeoliscus strigatus*）。这种鱼属于海龙目玻甲鱼科，因为身体薄得像刀片，又称“刀片鱼”。条纹虾鱼主要以浮游生物作为食物，特别喜食甲壳类浮游生物。

条纹虾鱼（顾邹玥 摄）

看看图片，您能找出鱼的头部在哪里吗？

条纹虾鱼的吻细长而突出，身体由透明的骨甲包裹，所以不能扭动身体或摇摆尾巴前行。于是，它索性把头向下，让自己倒立。遇到危险的时候，条纹虾鱼会头朝下躲进海胆的长刺中寻求保护，它的体色和海胆的长刺十分相近，因而隐蔽性极强。

大口管鼻鯙（*Rhinomuraena quaesita*）是一种长得很飘逸的海鳝，整个儿看上去就像一条彩色的绶带。它有一对加长版的双颌：前鼻管前端延伸为叶状皮瓣，下颌末端有肉质突起。简单来讲，就是鼻孔像叶片，下颌有须须。

这种鱼有项绝活儿——体色会随着性别的转变而发生变化！幼鱼和亚成鱼阶段通常是黑色的，下颌有黄白色条纹，背鳍为黄色。成年后，雄性呈现为蓝色，背鳍维持黄色；变性为雌鱼时，鱼体则由蓝色逐渐变黄，终至全身为黄色，仅背鳍具白缘。黑身管鼻鯙平时主要潜伏在岩礁附近的沙地，能把极长的身体塞进狭小的裂缝中，敏捷地捕食小型鱼类。

毒拟鲉（*Scorpaenopsis diabolus*）也是伪装大师！它们属于鲉形目鲉科鱼类。该科成员大都生活在海底，一般都能通过身上的穗状物、瘤状突起、彩色斑点等很好地伪装自己，完美融入周围的环境，伺机伏击猎物。毒拟鲉常常一动不动地“隐身”于珊瑚礁中，它们的背部有显著的隆起，颜色极其多变，一般为红棕色，带斑点，非常有利于伪装。这种伏击者的嘴能够像吸尘器一样以迅雷不及掩耳之势把猎物吞进去，整个过程只需15毫秒！许多猎物可能到死都不知道是什么击中了它们。

毒拟鲉的头部长有很多脊状突起，背上长着毒刺。鲉科的大多数种类能够通过改变身体的颜色来融入环境。它们不是攻击型的鱼类，但是一旦感觉受到了威胁，它们就会竖起背部的刺，打开鲜艳的胸鳍，警告来犯之敌。如果这招没有效果，那就三十六计走为上，毒拟鲉会迅速“遁地”，再次隐藏起来。

大口管鼻鯙（顾邹玥 摄）

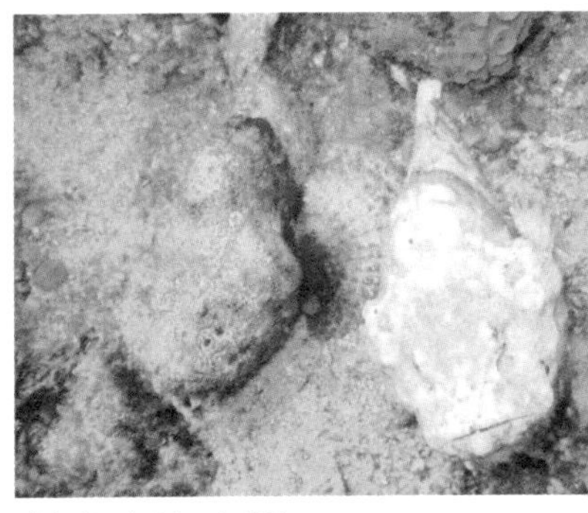

毒拟鲉（顾邹玥 摄）

剃刀鱼（顾邹玥 摄）

剃刀鱼（*Solenostomus paradoxus*）俗称“鬼龙”，也是海底的拟态高手。看上去既像海草又像海马的它们属于海龙目剃刀鱼科，是海马的亲戚。剃刀鱼身上的花纹非常漂亮，有黄色、红色、黑色等。它们的身体长而扁，有星状骨板，吻长，像管子一样，尾鳍长而阔。

这类鱼通常生活在藻类丛生的珊瑚礁附近，体色能随环境而变。有时候它们也会混在浮游生物里，随波漂流，顺带吃些适合的鱼饵。

海里的这些伪装高手很难被发现，但如果足够细心，它们终将暴露在自然探索者眼前。

“海精灵”的拍摄攻略

文 / 赵雯君

黑边舌尾海牛(*Glossodoris atromarginata*)(顾郛玥 摄)

在海洋里，有这么一些小可爱，它们软软的，小小的，被称为“海精灵”“海之宝石”“海底小天使”，是潜水爱好者和摄影迷的专宠，它们就是海蛞蝓。

海蛞蝓并不是指某一种动物，而是一个统称，指海中的一些形似蛞蝓（蜒蚰）的动物，通常指软体动物门腹足纲后鳃亚纲的物种，包括裸鳃目（Nudibranchia）的海牛和无盾目（Anspindea）的海兔。它们石灰质的壳体或退化或已消失殆尽。

海蛞蝓是底栖动物，主要生活在海底，但也有一些例外，它们会漂浮在海面下，有些则能在海中游泳。别看它们那么萌，它们可是“肉食动物”，常吃海绵、海葵、珊瑚等。

有趣的是，一些海蛞蝓是利用“太阳能”的高手，它们会将海藻储存在身体的外部组织中，然后以海藻光合作用形成的糖分为营养。

海蛞蝓的家族非常庞大，已被鉴定的就达 3000 多种，还仍有新种被不断地发现。它们从热带到南极，在各大洋中均有分布。从潮间带到深海中，人们都能看到它们的身影，其中以温暖的浅珊瑚礁海域尤多。另外，它们同时具有雄性和雌性器官，能相互授精，也都能产卵。

面对如此可爱的海洋精灵，每个人都想要把它们拍下来。拍摄这些小精灵，首先就要靠近并使用微距功能，拍摄时要保持中性浮力，不可搅动海底沉积物，个别情况下还可以使用放大镜。要拍到优质的照片，则需要经验、仔细的观察和娴熟的潜水技巧。

海底拍摄装备（顾郐玥 摄）

例如裸鳃目的海牛，它们一般呈卵圆或椭圆形，最明显的特征就是一对“耳朵”和一丛“小树枝”。靠近头部的“耳朵”是它们的嗅角，用来感知气味与味道，探知环境的变化。靠近尾部的“小树枝”就是它们的皮肤鳃。裸鳃，顾名思义就是裸露的鳃。裸鳃目动物的本鳃已消失，取而代之的是次生性的皮肤鳃，专门用来呼吸。

让我们一起来认识一些小精灵吧！

镶边高海牛（*Hypselodoris apolegma*）（顾郐玥 摄）

镶边高海牛：体色呈浅紫色或紫红色，外套膜上环绕着一圈带有白色渐变的边饰，有些个体长达 7 厘米。

威廉多彩海牛（*Chromodoris willani*）（顾邹玥 摄）

威廉多彩海牛：它们的嗅角和鳃有晶莹剔透的感觉哦。体长可达9厘米。

安娜多彩海牛（*Chromodoris annae*）（顾邹玥 摄）

安娜多彩海牛：最大可达5厘米，两嗅角间有一条短黑线。

张伯伦卷足海牛（*Nembrotha chamberlaini*）（顾邹玥 摄）

张伯伦卷足海牛：头部呈圆形，尾部较尖，体长最大约10厘米。外套膜为白色，上有大块黑色色斑，偶尔还会有一些黄色色斑，鳃羽为红色，足与口部多为淡紫色。

白边红醋多彩海牛：外形像一片西柚。

白边红醋多彩海牛（*Chromodoris reticulata*）（顾郅玥 摄）

崔恩高海牛：身上有紫色斑点，外有白色或浅棕色圆环。鳃一般呈半透明的白色或浅棕色，套膜缘有一圈蓝色或紫色细线。

崔恩高海牛（*Hypselodoris tryoni*）（顾郅玥 摄）

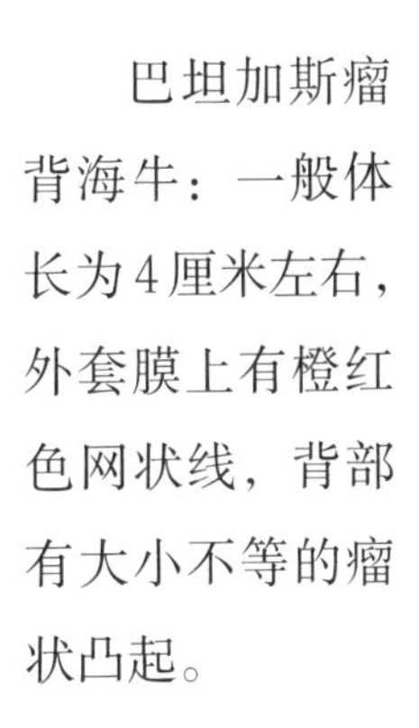

巴坦加斯瘤背海牛：一般体长为4厘米左右，外套膜上有橙红色网状线，背部有大小不等的瘤状凸起。

巴坦加斯瘤背海牛（*Halgerda batangas*）（顾郅玥 摄）

玩泥巴的鱼，怎么画

文 / 裘颖莹

上海自然博物馆“上海故事”展区的大弹涂鱼（高洁 摄）

如果说鱼类世界也有奇葩，就要数集表情包、杂技演员、水陆两栖于一身的弹涂鱼了。

弹涂鱼是虾虎鱼目背眼虾虎鱼科下的一大类潮间带动物，在中国有分布的主要是弹涂鱼属（*Periophthalmus*）、大弹涂鱼属（*Boleophthalmus*）和青弹涂鱼属（*Scartelaos*）。在上海自然博物馆的“上海故事”展区，就有大弹涂鱼的专题展示区域。

大弹涂鱼（*Boleophthalmus pectinirostris*）的身体呈圆筒形，颜色偏灰，身上布满不规则的绿褐色斑点，一双呆萌的小眼睛长在头顶，一对胸鳍长在身体两侧，还有两片相互分离的背鳍竖立在背部。退潮之后，大弹涂鱼就会从洞里钻出来，蹦着跳着在滩涂上活动。大弹涂鱼这种离开水也能生存的奇特习性，一度让人困惑，感觉它更像是两栖动物。这种鱼的胸鳍长有特别发达的肌肉，可以支撑它们在泥滩上匍匐前进，尾巴则可以帮助弹跳。除了正常的鳃，皮肤和尾部也能帮助大弹涂鱼呼吸，这就是它们离开水也能生存一段时间的原因。

大弹涂鱼是一种可食鱼类，算得上是一种经济动物，当前在我国的广东、福建、浙江等东南沿海地区均有人工养殖。

如果我们想要拥有一条只属于自己的弹涂鱼，可以怎么做呢?

我们可以把它画出来。

1. 绘图工具

2. 线稿

弹涂鱼很好画！圆柱状的小身体，头顶突出的一双眼睛，一对胸鳍长在身体两侧斜撑着身体，还有高高的背鳍……可以把你观察到的有意思的细节画出来。

先大面积上底色，主要用褐色打底，掺入一些蓝绿色。

再画少许黑褐色斑纹。

画上背景。

加上一个貌似不开心的表情……

每次上岸，弹涂鱼都会在鳃帮的“小袋子”里装满水，这让它在离水一段时间内仍可以顺利呼吸，所以弹涂鱼的鳃帮子总是鼓鼓的。

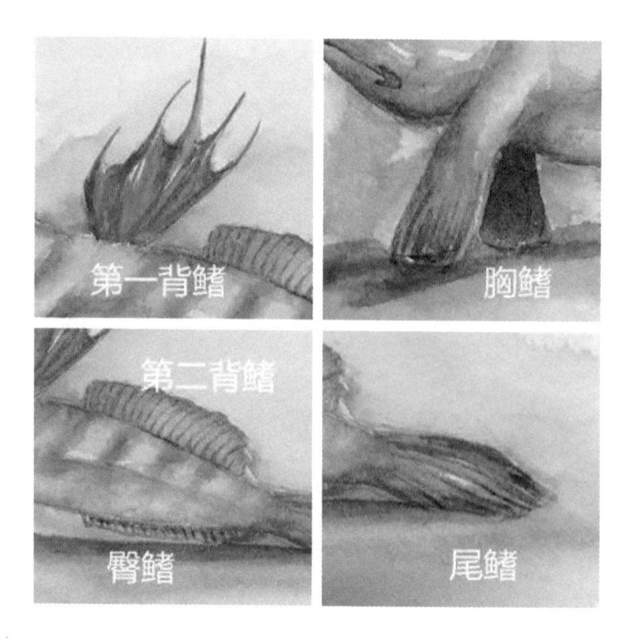

细化一下鱼鳍的细节，顺便认识一下不同的鱼鳍部位。

调出亮蓝色，来画身上的小斑点。

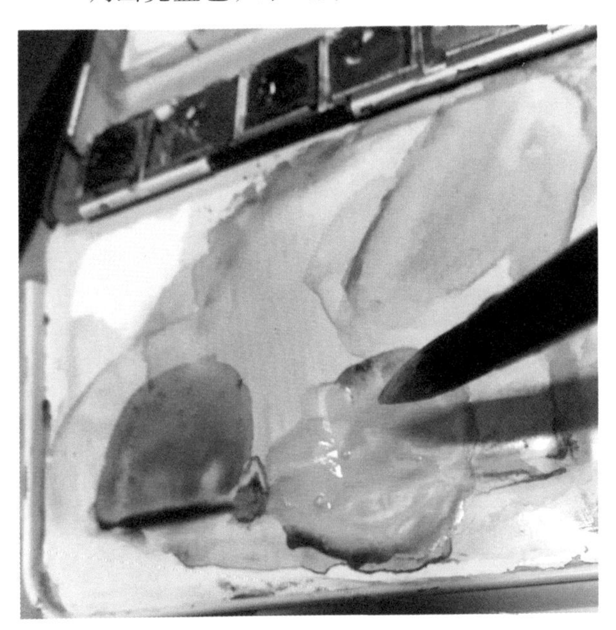

最后，一条呆萌的弹涂鱼就完成啦！

（裘颖莹 绘）

亲遇大白鲨

文/唐欣荣

说起大白鲨，大家一定会想到同名电影中那些惊心动魄的场景吧。笔者有幸在澳大利亚见识了野生大白鲨!

澳大利亚是个野性“杀手”大国：那里的毒蛇数量世界第一，那里有世界上最毒的蜘蛛和章鱼，那里的蚂蚁、水母都不好惹，海湾里还有体形巨大的咸水鳄，甚至看上去最无害且人气颇高的鸭嘴兽也长着致命的毒刺。在这长长的杀手名单中，知名度最高的要数大白鲨了。

想要和野生大白鲨见个面,可不容易。要知道,普通游客有机会乘着大铁笼下潜到海里近距离观赏大白鲨的旅游胜地，在全世界范围内也是屈指可数的，南澳的林肯港算是其中之一了。

出海了。行船单程就有将近70千米，观鲨结束之后原路返回，整趟旅程12个小时左右。游船迎着海浪行驶，船被海浪托得很高，然后又从海浪高处跌落。别说站，坐都坐不住，必须抓着什么，不然人就被掀起来了！驾驶室是体验汹涌海浪的好地方。船老大看上去很镇定，而我们必须用手撑着天花板，不然一个颠簸，头就撞上去了。

终于到了观鲨目的地，一个叫作“North Neptune Island”的小岛。算上我们，一共有三艘观鲨船，船尾都有一个大铁笼。

下海观鲨用的大铁笼

笼子周围的鲹鱼

大白鲨现身

下锚，把大铁笼吊下海并固定好。船员用一根绳子绑着鱼块抛进海里又拖上来，希望能吸引大白鲨的注意。这鱼块应该是煮过的，不但不腥，还有点鱼香味。鱼块一入水，就被海里的鱼群和天上的海鸥疯抢，场面很热闹。不一会儿，就有人惊叫，大白鲨来了！标志性的三角鳍划破水面。当它靠近船舷，游客便能清楚地看到水下的影子，好大一条大白鲨啊！连船员都喜出望外，有位澳大利亚女船员，欢天喜地大声招呼："大家可以换潜水服啦！"

穿好潜水服，准备下水。此时已近中午，云开雾散，出了太阳。大铁笼上下都有铁栏杆和铁网，但是中间有些空隙，视野很好，只是这空隙未免有些大，让人害怕。跌跌撞撞的我向笼子漂了过去。哎哟！如果鲨鱼这时过来，岂不是要把我的脑袋给叼走了？

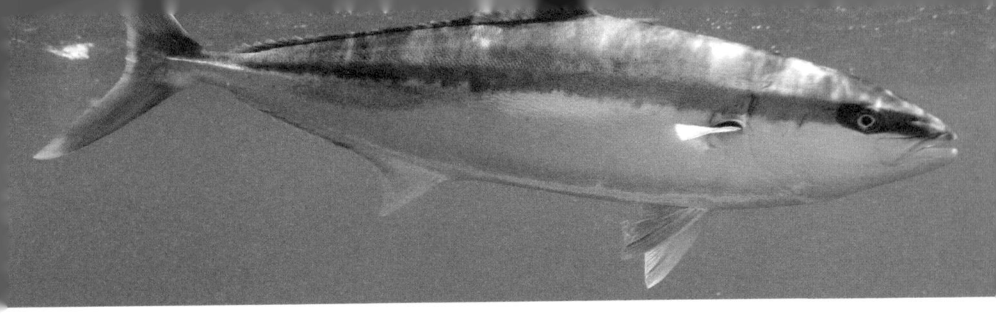

笼子附近还有鰤鱼

水下的世界真奇妙！鱼就在眼前游来游去，有的还游进了铁笼，伸手就能摸到。这里主要有两种鱼，体短背高的叫“Trevally”(鲹鱼),体形较长的叫作“Yellow-Tailed Kingfish”（鰤鱼）。我们下水之后，鱼块又扔了下来。这时，鱼抢得更凶了，它们把海水都搅浑了，满眼的泡沫，我们只能瞪大眼睛仔细寻找大白鲨。当看到它从泡沫后面突然出现时，那场景真是令人激动啊！

大白鲨比小鱼“庄重”多了，面对美食似乎不是很有食欲的样子，对大铁笼里的我们更是视而不见。不过，如果它真的要来撞击铁笼，那肯定会挺吓人的。观鲨游船上有一条规定，往海里扔的东西不能带血。怪不得鱼块是煮过的，或许是因为血水会增加鲨鱼的攻击性和危险性吧。

向海水深处望去，水很清，很远处都能看见大白鲨的身影。这是一个属于大白鲨的海底世界。

铁笼的观鲨视窗比较大，如果来条小型大白鲨，估计可以把头伸进来

史前巨怪

文 / 裘颖莹

巨齿鲨复原图

2018 年，史前怪兽灾难片《巨齿鲨》上映，引起了不小的轰动。

巨齿鲨（*Carcharocles megalodon*）是一种被认为已经灭绝的史前鲨鱼，从学名的字面意思来看，它应该拥有超大的牙齿。不仅如此，这种古老鲨鱼的体形也大得惊人，体长有 16 ~ 25 米，相当于两辆公交车连在一起的长度，体重更是有 60 ~ 100 吨。它们很可能曾经是地球上最凶猛的食肉动物！

在电影《侏罗纪世界》中一口吞掉暴虐霸王龙的沧龙，与巨齿鲨相比，只能算是“小巫见大巫”了，更不要说霸王龙、风神翼龙或者是现生的虎鲸、大白鲨等肉食动物了。至于人类，对巨齿鲨来说，可能就和一块肉丁差不多吧……

巨齿鲨一直披着神秘的面纱，鲜为人知。鲨鱼属于软骨鱼，周身骨骼几乎都是软骨，很难形成化石，因此早期发现的古鲨证据只有一些牙齿和下颌骨。如果参照大白鲨的体形进行同比例放大的话，巨齿鲨几乎就和大半条蓝鲸一样大。2013年，古生物学家在秘鲁荒野中找到了一条包含有脊椎骨的巨齿鲨化石，推测其体长约有19米。相比霸王龙，巨齿鲨的化石证据真是少得可怜，所以第一部以巨齿鲨为题材的电影一经推出，自然就颇受关注了。

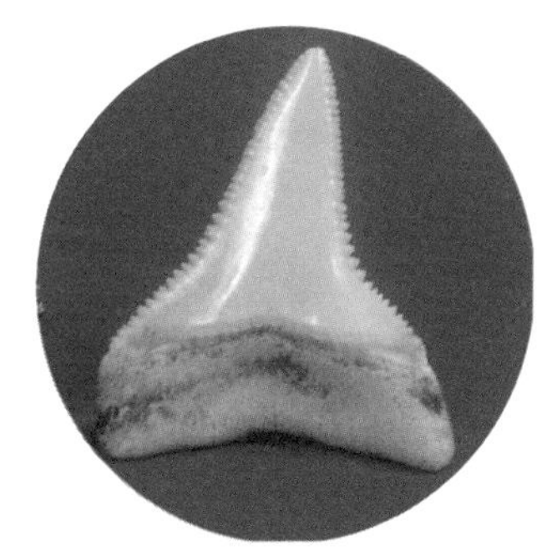

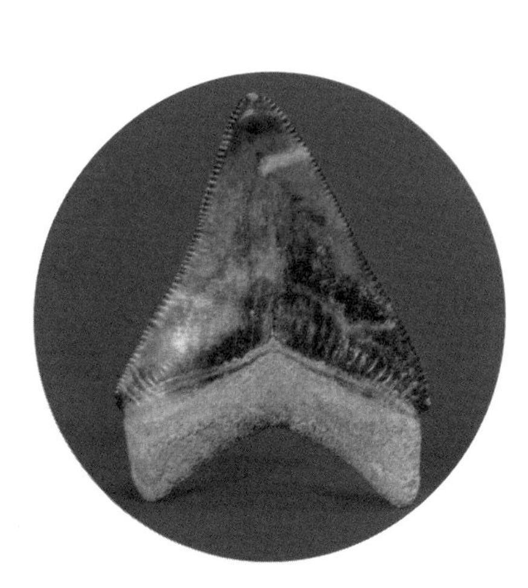

巨齿鲨牙齿和大白鲨牙齿的对比

巨齿鲨化石

电影讲述了人类为探测深海资源在马里亚纳海沟深处调查时遭遇未知生物攻击的故事。男女主角前往营救，发现这种未知生物其实是被认为灭绝已久的史前生物巨齿鲨。接着，人类接二连三遭到巨齿鲨攻击，历经千辛万苦，才终于成功反杀……

不过，电影中有关巨齿鲨频频攻击和噬食人类的场景在科学性上还有待考证。

其实在鲨鱼大家族中，有些以甲壳类和小型软体动物为食，比如虎鲨、猫鲨等；有些是滤食性的，比如鲸鲨、姥鲨等；而游泳迅速的捕食性鲨鱼里，有伤人或攻击人类记录的只有极少的几种。平均而言，全球每年只有 6 人死于不明原因的鲨鱼袭击，有可能是它们把人类当成了海龟 、海狮而造成的误伤。相比之下，每年却有近1亿条鲨鱼和鳐鱼死于渔业。2017年全世界范围一共发生了150多起鲨鱼袭击人类的事件，其中绝大多数是由人类挑衅而引发的，仅极少数是鲨鱼对人类发起的无端攻击。

至于巨齿鲨这样的大块头，应该更加不喜欢吃人了，胃口超级大的巨齿鲨吃人的情节就好像我们跑去饭店说“老板，请给我炒一粒鸡丁”，完全是在浪费时间！巨齿鲨的主食应该是小型须鲸、海豹这类高脂肪物种，影片中的巨型乌贼倒确实有可能成为它的猎物。

海水温跃层是海洋上层的薄暖水层与下层的厚冷水层间出现水温急剧下降的那一层。温度和密度在温跃层发生迅速变化，使得温跃层成为生物以及海水环流的一个重要分界面。温跃层一旦形成，就像一个屏障把上下水层隔开，使风力混合作用和密度对流作用都不能进行到底。

在浅海，由于太阳光照和风力的作用，浅层海水与深层海水产生温度差，便形成了季节性温跃层，这种温跃层季节性明显，夏季强，冬季弱，甚至消失。而在深海，由不同热性质的水团堆叠，会形成永久存在的全年性温跃层。影片中马里亚纳海沟温跃层就是这样形成的。在真实情况下，如果巨齿鲨穿过温跃层，那么温度剧变、溶氧差异、水压悬殊以及致命的硫化氢可能就直接导致“剧终”了！

还有一种可能性，电影中的巨齿鲨是拉撒路物种。拉撒路物种一般是指那些过去仅在化石记录中出现过、被广泛认为已经灭绝之后，又再次在自然界中被发现的物种。莫非电影里的巨齿鲨也是拉撒路物种？

影片中，编剧设定了一个巨齿鲨为什么一直没有被发现的原因——深海潜水所涉及的深度有限，剩余的海洋，人类都还不曾涉足。太平洋板块和菲律宾板块交界处的马里亚纳海沟，深约 11034 米，拥有永久温跃层，正是史前生物复活的绝佳场所！但是一万多米之下的水压相当于 1097 个大气压，巨齿鲨这样的庞然大物能否适应，回答基本上是否定的。

巨齿鲨曾经称霸海洋 2000 多万年，到了中新世，海洋逐渐变冷，小型须鲸数量由此减少，而生活在开阔海域的大须鲸的数量却在增加，大须鲸对于巨齿鲨来说体量过于庞大，以至于巨齿鲨无法捕食。此外，气候变化还导致鲸类喜欢前往食物富饶的两极捕食，而习惯了温暖海域环境的巨齿鲨不愿前往，并最终失去了赖以生存的食物，这大概就是史前巨怪巨齿鲨灭绝的原因吧！

最小的鱼

文 / 于蓬泽 徐 蕾

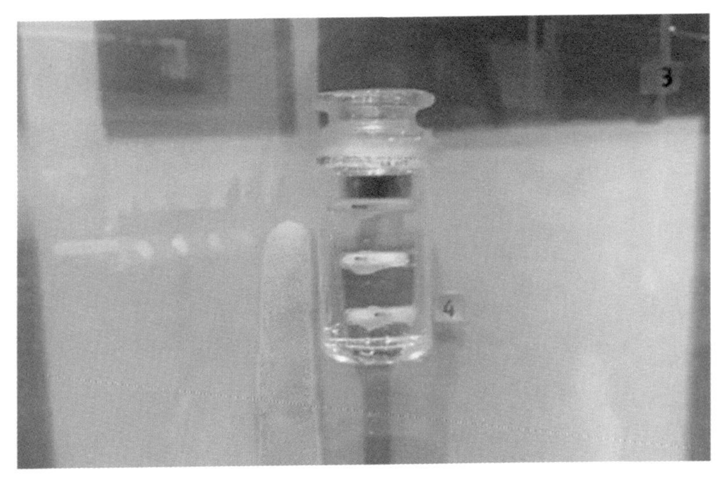

微鲤浸制标本（于蓬泽 摄）

有一种鱼，小到几乎被人们忽略。然而，恰恰是因为这个微小的世界之最，它又被人们经常提起。这个袖珍的小家伙直到 2006 年才被人们发现。有关它的故事，还得从印度尼西亚的苏门答腊岛说起……

在苏门答腊岛，有一种奇特的生态系统——泥炭沼泽。当死亡的植物层层堆积，然后被淡水淹没，就形成了这样的生态系统。泥炭又称草炭或是泥煤，由大量腐败的植物形成。除了被称为泥炭沼泽，人们还赋予了它另一个恐怖的称号——黑水沼泽。正如其名，这种沼泽里的水是黑红色的，就像浓茶一样，但看上去很混浊。黑水沼泽中水的酸性很高，pH 值低到 3，接近食醋的酸度！而且沼泽水体的含氧量极低。在这样的环境里，一般不认为会有生命的存在。然而，经过科学家十余年的不懈探寻，终于在泥炭沼泽中发现了生命的踪迹，而且是一些奇特的生命——它们堪称是世界上最小的鱼类，名字叫作微鲤。

微鲤是“鲤鱼”的远亲，新近确立的袖珍鱼属的一类特殊成员，目前已经发现了三个新种。它们大多通体透明，身材就如名字一般，极其微小。体形最小的一种微鲤（*Paedocypris progenetica*），其成熟雌性个体的体长仅 7.9 毫米，就像蚊子一般大小！由于体形太小，科学家甚至需要借助特殊的显微镜才能准确测量它们的长度。

微鲤的体形为何如此袖珍呢？这可能与它们一系列非常简化的结构有关。与一般的鱼类不同，微鲤在进化中逐渐失去了诸如鼻骨、犁骨、前筛骨等一系列头骨成分，由此大脑失去完整头骨的保护而暴露在外，只由外部的一层皮肤包裹。这也使它成为目前被发现的结构简化得最明显的鱼类。研究发现，一般体形极小的物种都会有相似的简化结构。

除此之外，微鲤还有一项“超能力”。它们终身保持着一种未完全发育成熟的幼体状态，但依然能够产卵并繁殖后代。同它们的近亲——鲤鱼相比，微鲤根本没有经历过幼鱼的发育生长期，而是直接进入了成熟期，这在生物进化上非常罕见！更有趣的是，这些直接跳过生长发育期的小鱼，还演化出了一些独特的部位。尽管微鲤身上的骨骼高度简化，但有一个部位却相对复杂：在雄性微鲤的腰带前方，有一对肌肉发达的奇怪的腹鳍，上面还长有角质化的突出的边，就像两个鼓槌似的。

这是用来做什么的呢？原来微鲤有一种非常独特的繁殖仪式，雄性会预先在某片叶子的底部清理出一定的空间，然后不断用腹部触碰叶片底部以吸引雌性的注意。当雌鱼对它感兴趣时，它们就会同时用腹部触碰叶片的同一个地方，并且看起来雌鱼、雄鱼还会进行一次快速的“拥抱”，在这个过程中，雌性微鲤会迅速产出一到两枚卵，附着在叶子的下表面。据推测，那对特殊的腹鳍可以帮助雄性微鲤抓住叶片底部的表面。

虽说微鲤刚刚为人类所认知，但它们正在快速消失……由于森林大火的发生，以及伐木、城市化和农业生产等人类活动的威胁，迄今已有60%的泥炭沼泽被转作其他用途，这意味着有一半的泥炭沼泽已经彻底地从我们这个星球上消失了，我们将眼睁睁地看着许多鱼类在2050年前后永远灭绝。除非采取大范围的保护行动，否则我们将失去更多重要且独特的生物。正如一位研究微鲤的女科学家所说：我们唯有希望不要失去全部，但我们注定将失去很多……

袖珍蛙

微鲤并不是地球上唯一的袖珍脊椎动物。在巴布亚新几内亚，当夜幕降临，人们就可能听到世界上最小蛙类发出的高亢叫声。这种蛙的体长只有大约7.7毫米，比微鲤还要小。这种2012年才被发现的物种被命名为“阿马乌童蛙（*Paedophyryne amauensis*）”，堪称“世界最小的脊椎动物”。

与微鲤类似，阿马乌童蛙的袖珍体形也与它们的生活环境有关。对微鲤而言，干旱期间，微鲤小巧的身躯可以使它们更好地在小水洼中生存。还有一些人认为，动物将身体进化到极小，能够帮助它们获得食物链上其他物种无法得到的资源，寻得新的食物种类。就拿阿马乌童蛙来说，它的小身材能够帮助它品尝到普通青蛙无法获取的微小螨虫。

另外，这些身材袖珍的小家伙一般都拥有一个相对简化的结构。比如，个别器官会变得不发达或丢失，甚至整个器官都会消失。在脊椎动物中，被简化较多的是骨骼。

袖珍生物还比较“任性”，它们往往会缩减甚至直接跳过某个发育阶段。许多袖珍蛙就是这样，有些甚至跳过整个蝌蚪期直接成熟。这个发现令科学家惊叹不已，这种跳过发育期的方式使人们意识到了进化中的一种新的可能性。这些生物创造了更多的发育方式，从而能够做到其他生物所不能完成的事情。

阿马乌童蛙

刀鱼之鲜天下绝

文 / 程起群

清蒸长江刀鱼

刀鱼是一种名贵的经济鱼类，与鲥鱼、河豚并称为“长江三鲜”。从古至今，不少文人食客为刀鱼的美味倾倒，赞美之词更是不绝于耳。北宋苏轼的《寒芦港·溶溶晴港漾春晖》有“知有江南风物美，落花流水鮆鱼肥”的诗句，其中的“鮆鱼”即指刀鱼。南宋刘宰的《走笔谢王去非遣馈江鲚》则描述刀鱼“肩耸乍惊雷，腮红新出水”。

受过度捕捞、环境污染等多种因素的影响，“长江三鲜”中的鲥鱼已濒于灭绝，难觅踪迹；河豚已不多见；唯有刀鱼，尚有一定的资源量，但也衰退严重。自 2021 年 1 月 1 日起，国家全面实行“长江十年禁渔”计划，为全面恢复长江渔业资源打下良好基础。相信在不远的将来，包括刀鱼在内的“长江三鲜”又会重新回到民众餐桌上。

关于刀鱼，除了味道鲜美，还有哪些不为人知的趣事呢?

刀鱼（*Coilia ectenes*）的学名是“刀鲚”，隶属于鲱形目鳀科鲚属。刀鱼的别名有毛刀鱼、毛花鱼、野毛鱼、鲚鱼、毛鲚鱼、长鲚鱼、青鲚、梅鲚、燥鲚、短颌鲚、长颌鲚、长尾翅、凤尾鱼、杀猪刀等十多种。其分布十分广泛，在我国沿海、各通海江河的中下游及其相通的湖泊中均有分布。

自古以来，我国就有食用刀鱼的习俗，在多种古籍中均有记载。

据《说文解字》记载:“鮆，刀鱼也，饮而不食，九江有之。”又《种鱼经》：“鮆鱼，狭薄而首大，长者盈尺，其形如刀，俗呼为刀鲚。初春而出于湖。亦呼为刀鱼。”《本草纲目》的记述则更为详细：“鲚生江中，常以三月始出，状狭而长，薄如削木，亦如长薄尖刀形，细鳞白色，吻上有二硬，须腮下有长鬣如麦芒，腹下有硬刺，快利若刀，腹后近尾有短鬣，肉中多细刺，煎炙或鲊食皆美，烹煮不如。”

刀鱼以动物性食料为主，如桡足类、枝角类、轮虫、糠虾等。不同地区、不同大小的个体，其饵料种类存在差别。产卵洄游期的成鱼很少摄食。

刀鱼在长江中的产卵时间约在3月下旬至8月。一般在流速缓慢的水域产卵，产浮性卵，卵具油球，浅灰色，怀卵量2万到10万粒。性成熟年龄通常为3岁，现有提前的趋势。

刀鱼生境差异大，海水、咸淡水、淡水中都能找到它们的踪迹。从迁徙特性来看，刀鱼又可分为定居型与洄游型。长江水系刀鱼最著名，可分为“江刀”“湖刀”“海刀”三种生态型。

一般所说的江刀多指主要生活在长江的刀鱼，有溯河洄游产卵的习性。每到繁殖季节，江刀亲鱼逆水而上，从近海向淡水水域作生殖洄游，在长江中下游及其相通湖泊中产卵。湖刀是少量亲鱼定居在长江中下游各通江湖泊中而形成的定居型陆封类群，无洄游习性。海刀则是在近海性腺就可发育成熟的、不洄游类群。

江刀、海刀、湖刀都富含优质蛋白，氨基酸组成全面且含量高。其中，呈味氨基酸更是为刀鱼提供了“鲜美之源”。江刀中的牛磺酸含量显著高于海刀，这可能就是江刀风味更佳的原因。尤其是产卵前的江刀味道最为鲜美，肉质最为细嫩。江刀中含有高比例游离 GABA，即 γ-氨基丁酸，该成分具有抗惊厥、降血压等多种功能。刀鱼的脂肪酸组成合理，不饱和脂肪酸及矿物元素含量充沛，更含有 EPA 和 DHA 等人体必需的营养成分。

刀鱼鲜美冠绝众鱼，但产量越来越少，这是刀鱼价格昂贵的主要原因。其中，江刀最贵，海刀次之，湖刀再次。

清明前后一周的江刀最贵，因为此时江刀刚开始洄游，营养最为丰富，肉质鲜美、肥而不腻且骨软如棉，口感极佳。此外，文化习俗和社会因素等也是刀鱼天价的重要推手。吃客们不惜千金，但求一品刀鱼真味。

江刀产量很低，且江刀与其他生态型、近缘种的形态差别不大，而后者的市场价格偏低，因此，受利益驱使，假冒现象常有出现。有的以海刀和湖刀冒充江刀；有的用其他水系的刀鱼冒充江刀；有的用凤鲚、短颌鲚、七丝鲚冒充；更有把上一年的尾刀冰冻保存一年后，当作次年的新鲜江刀出售。

凤鲚

虽然刀鱼的三种生态型之间形态相似，但还是可以从外形、鳍条和味道上加以区分。湖刀尾鳍呈暗红或黄色，江刀为白色。湖刀眼大体短而薄，海刀眼大头红体厚，江刀则厚实有肉，笔直挺拔。此外，江刀肉细嫩如豆腐，而湖刀和海刀肉硬，等等。

我国有 4 种鲚属鱼类，除刀鲚外，其余 3 种分别是凤鲚、七丝鲚和短颌鲚。也有学者认为短颌鲚不是有效种，应将其归为刀鱼的一个淡水生态型。与刀鱼相比，凤鲚、七丝鲚、短颌鲚大多是低值种类。

同时，随着野生刀鱼资源的全面禁捕，“以养代捕”已成为刀鱼市场供应的必然选择。刀鱼的人工繁殖和养殖难度

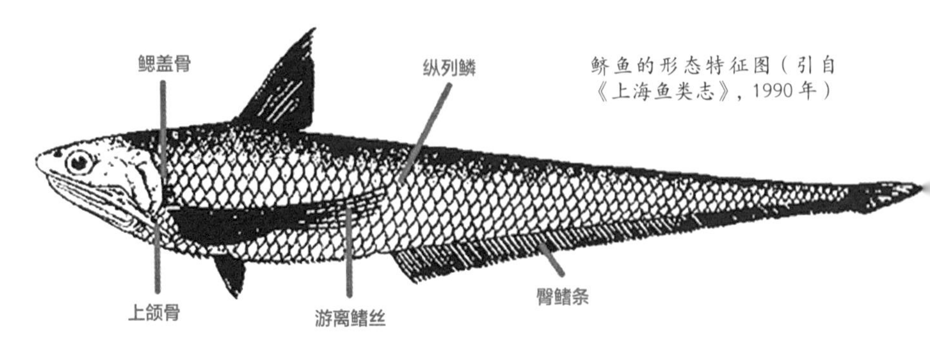

鲚鱼的形态特征图（引自《上海鱼类志》，1990 年）

较大，这是因为刀鱼应激性强、离水易死、雌雄发育不同步、稚鱼合适开口饵料等难题。经多年摸索，全人工繁殖和养殖取得了成功，并实现人工放流。刀鱼的增殖放流具有十分重要的意义。虽然刀鱼人工养殖取得了初步成功，但其产业化发展尚存在一些亟须攻克的难题，包括良种培育困难、配合饵料不完善、活虾饵料养殖成本高、死亡率高，等等。

刀鱼资源曾经极丰富，其产量占长江鱼类总产量的35% ~ 50%，最高纪录为年产 3750 吨（1973 年）。然而，自 20 世纪 80 年代起，受过度捕捞、环境污染等影响，刀鱼资源受到严重威胁，一些产卵场消失，难以形成渔汛。刀鱼个体小型化、低龄化、种群结构简单化趋势明显。至 2002 年，年产量已不足百吨，此后产量逐年下降。岳阳和湖口监测点已多年未监测到刀鱼，提示刀鱼产卵群体生殖洄游距离大幅缩短，很少上溯至东洞庭湖和鄱阳湖南部子湖等历史上知名的产卵场。

随着“长江十年禁渔”、《长江保护法》等一系列保护措施的执行，野生刀鲚状况有了明显的改善，有监测数据显示，刀鲚资源已有比较明显的恢复和增长趋势。2021 年 11 月 23 日，农业农村部公布了全国农业优异种质资源，并通报资源普查进展情况。在公布的十大水产优异种质资源名单中，长江刀鱼名列首位。

相信仅存的“长江三鲜”——刀鲚能够得到续存。

大自然的电气工程师

文 / 葛致远

作为大自然的天然发电机，电鳗一直为人们津津乐道。这类谜一样的水生生物也一直给人们带来意想不到的发现。

电鳗

电鳗是电鳗目（Gymnotiformes）电鳗科（Gymnotigae）下的一类鱼，分布在南美洲大亚马孙地区的河流中。它们身体修长，头部大而扁平，皮肤无鳞，呈深灰褐色，腹面呈橘黄色。虽说名字里带“鳗”，而且是鱼，但它们与烹制鳗鱼饭的日本鳗鲡迥然不同。日本鳗鲡（*Anguilla japonica*）属鳗鲡目（Anguilliformes）。相比之下，电鳗倒是和鲇鱼的亲缘关系更近些。成年电鳗体长可达 2 米，体重有时超过 20 千克。这个大小如果做成鳗鱼饭，估计可以吃上几十顿了！

因为放电的本领，电鳗在亚马孙河流域可谓家喻户晓，在当地它是一种令人畏惧的生物。然而，人们对它的了解可能还不及同流域的食人鱼。

1766 年，著名的瑞典科学家林奈首次对电鳗进行了科学描述并予以命名。在之后的很长一段时间内，虽然它们在分类学上的位置几经修改，但科学家一直认为世界上只有 1 种电鳗（*Electrophorus electricus*）存在。2014 年，一支在亚马孙拍摄电鳗的摄制团队遭遇电鳗的电击，竟然直接将摄影师击晕！这超乎寻常的放电能力引起了随行鱼类学家的注意：这里会不会存在着一群不同寻常的电鳗？

2019年，一支由美国国家自然历史博物馆牵头的研究团队检测了107个野生电鳗个体样本的基因并进行了形态学对比，发现在亚马孙河区域确实存在着3种电鳗，而不是此前所认为的仅有1种！

科学家将新发现的2种电鳗分别命名为“伏打电鳗”（*Electrophorus voltai*）和“瓦氏电鳗”（*Electrophorus varii*）。其中的“伏打电鳗”很可能就是2014年袭击事件的凶手。经科学测量，伏打电鳗可以放出高达860伏特的电压，很可能是目前地球上已知的最强发电生物。

电鳗虽然有鳃，但由于生活在泥沙含量高、氧气含量低的浑浊水体中，所以单靠鱼鳃获取氧气是不够的。还好，电鳗拥有一张动物世界里极其少见的奇特大嘴，嘴里没有牙齿，却密布血管和褶皱。这样的构造类似肺里的肺泡，可以增大与气体接触的表面积，进而提高气体交换量。电鳗借此直接吸入空气，然后获取所需的氧气。

电鳗所需氧气的80%都是通过这个途径获得的，所以它们平均每十分钟就要上到水面呼吸一下新鲜空气。也正是得益于这项“独门绝学”，电鳗可以完全离开水，以便在不同水体之间穿梭觅食，还免去了旱季缺水的困境。

有人认为，正是因为这张奇特的大嘴，促使电鳗演化出电击制敌的生存策略，从而避免在和猎物的搏斗中弄伤自己赖以生存的呼吸器官——嘴。

电鳗虽然体形硕大，但是容纳脏器的体腔主要集中在身体的前端，身体的绝大部分则是放电器官。据科学家估算，电鳗平均每生长10厘米，其放电能力就可以提升100伏特，直至体长达到半米。

电鳗

电鳗身上共有三种放电器官，分别是主要器官、亨氏器官和萨氏器官。其中，亨氏器官分布在鱼身腹侧，用来发出能够击晕猎物或驱逐掠食者的高压脉冲；萨氏器官则分布在身体的后四分之一，用来发出供同类间交流和帮助在泥水中导航的低压脉冲。这些放电器官中分布有大量呈碟状的放电细胞，统一受电鳗高度特异化的神经系统控制。单一放电细胞释放的电压大约是 0.1 伏特，但当数以千计的电细胞同时放电时，电鳗就会瞬间化身为一个巨大的电池组，可以产生几百伏的高压！

值得注意的是，尽管这个“超级发电机”让人闻风丧胆，但电鳗在水中很少会被自己或同类的电所伤。另外，真正由电鳗引起的致人死亡的案例，也是极其少见的。

虽然电鳗具备多次进攻的能力，但每次放电都会消耗大量的能量。因此，如非必要，它们也不会拼尽全力。传说亚马孙河流域的捕鱼人会将马匹赶入水中，刺激电鳗不断放电，直至其精疲力竭，此后便可坐收渔翁之利了。

电鳗是凶猛的掠食性鱼类，研究者通过检查它们胃中的内容物发现，鱼类占电鳗日常食谱的大部分，尤以丽鱼科和美鲶科的鱼类更受电鳗偏爱。除此以外，甲壳类、昆虫等其他水生动物也常见于它们的食谱。

在很多书籍中，电鳗被描绘成一个携带超强武器、独来独往寻找下一个目标的水中掠食者形象。其实，电鳗不喜欢追击猎物，而是通常趁着夜色悄悄行动，甚至会先释放电脉冲让小鱼抽搐而暴露其位置，一旦锁定目标就将小鱼麻痹，接着一口吞下。但这一招如果放在白天或光线尚可的情况下就不太好使了，因为这时的猎物在还没有进入电鳗的电击范围内，就可能已经发现危险，早早地逃之夭夭了。

随着研究的深入，人们发现电鳗并非都是单独捕猎，它们也有团结一致、相互协作的时候。科学家在巴西伊里里河附近的湖泊中曾观察到一群伏打电鳗集体狩猎的罕见场面。每当狩猎开始，湖中就会聚集上百条电鳗，它们绕圈游泳，将湖中的小杂鱼聚拢成一个“食球”，随后将鱼群驱赶至较浅的水域，再分批进入“用餐区域”大快朵颐。一般每批会有 10 条电鳗游近鱼群，接着一同放电，被电击的猎物会挣扎着跃出水面，随后便失去了意识，成为了电鳗的腹中美食。

从开始合作驱赶鱼群到所有电鳗用餐完毕，这个过程通常会持续 2 个小时左右，电鳗的分工合作，秩序井然，颇有点狼群狩猎的意思。这样的合作狩猎行动通常一天会进行两次，分别在清晨和黄昏时段。通过合作，电鳗很好地规避了白天单独觅食容易被猎物发现而导致捕猎失败的不足。

通常所说的鳗鱼，包括欧洲鳗鲡、日本鳗鲡等，其性腺发育依赖外界的盐度条件，因此，它们需要通过在海洋和淡水间的洄游来完成自己的生活史——它们在海洋中出生，在淡水中长大，最后又回到海洋中繁衍后代。

生活在淡水中的电鳗并不需要进行这样的长途洄游。亚马孙地区的旱季正好是电鳗的繁殖季节，其间雄性电鳗先用自己的口水在隐蔽处制作一个泡泡巢，接着，雌鱼会在其中产下大约三个批次、超过 1200 枚鱼卵，由雄鱼完成体外受精。在接下来的日子里，雄鱼会日夜守护着这些受精卵，不让掠食者靠近。小鱼孵化后，遇到危险就会躲进父亲的口中避难。在食物相对匮乏且危机四伏的旱季，时间就是生命，为了能尽快长大，先孵化的幼鱼竟会把巢中尚未孵化的鱼卵当作自己的口粮吃掉！幼鱼在接下来的一段时间内都会在泡泡巢附近活动，直至雨季的第一场雨，将它们冲向更广阔的活动区域。

对于成年电鳗来说，亚马孙河流域就是它们“蹦迪”的主场，在这里它们鲜有敌手。但近年来，包括电鳗在内的一众生物的日子并不好过。随着亚马孙雨林不断被砍伐，栖息环境不断恶化，这片生物多样性的热点区域正面临前所未有的挑战。

吸引在深渊

文 / 蔡敏琪

鮟鱇鱼

在上海自然博物馆的“生存智慧”展区，展示着这样一类神奇的鱼类。它们大多没有矫健的身形、鲜艳的鳞片，反而相貌怪异、行动缓慢，其中一些生活在深海的种类，还将背鳍上的一根鳍棘特化成了一盏“灯笼”。它们就是鮟鱇鱼。

带纹躄鱼（张寒野 摄）

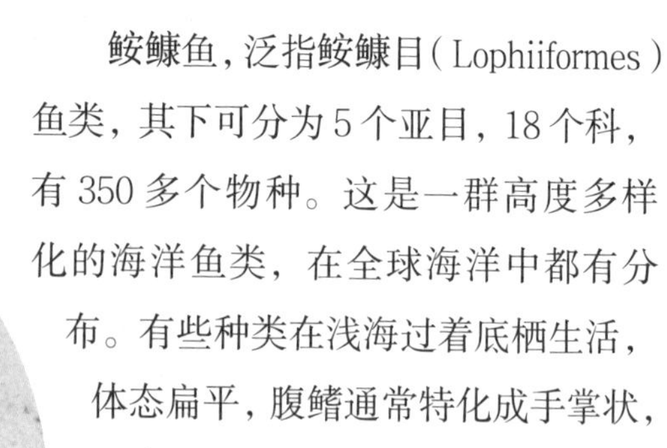

鮟鱇鱼，泛指鮟鱇目（Lophiiformes）鱼类，其下可分为5个亚目，18个科，有350多个物种。这是一群高度多样化的海洋鱼类，在全球海洋中都有分布。有些种类在浅海过着底栖生活，体态扁平，腹鳍通常特化成手掌状，方便爬行，比如具有食用价值的黄鮟鱇（*Lophius litulon*）。有些种类甚至能待在2500米的海洋深处，比如角鮟鱇亚目的一些成员。分布在热带、亚热带浅水海域的躄鱼科鱼类，长得色彩斑斓，它们常潜伏于海湾滩涂、浅海岩礁、海藻丛生处和珊瑚丛中。它们的胸鳍延长具柄，前端呈趾状，就像是青蛙的脚一样，可以支撑身体，所以又叫作“青蛙鱼”。

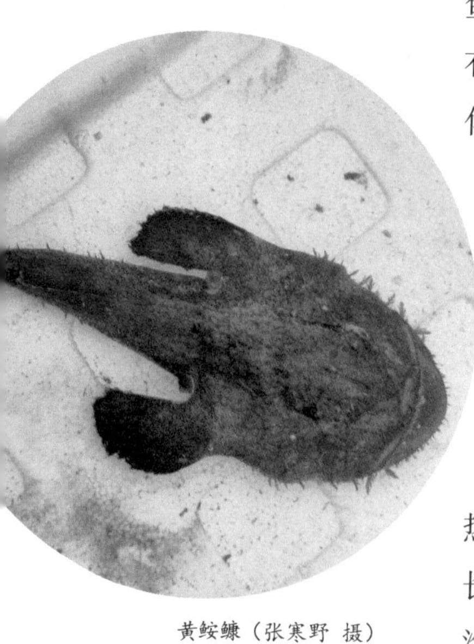

黄鮟鱇（张寒野 摄）

鮟鱇鱼最令人称奇的，就是它们头顶上常常长着一根神奇的“钓鱼竿”。它是由背鳍逐渐延伸形成的针刺，刺的顶端呈囊状，其中的腺细胞分泌物能发出光亮，以此来吸引黑暗海底不明真相的鱼虾，一旦猎物上门，鮟鱇鱼就会张开宽大的嘴，用锋利而参差不齐的尖细牙齿将猎物杀死。

神奇的鮟鱇鱼不仅身怀捕食绝技，繁殖方式也很独特。深海角鮟鱇生活在杳无“鱼”迹的深海环境中，它们是如何寻找自己另一半的呢?

角鮟鱇出生以后不久，便踏上了繁殖后代的旅程。有意思的是，雌、雄角鮟鱇的体形相差悬殊，雄鱼体形可能不足雌鱼的十分之一大。还有些更极端的例子，雌鱼体长是雄鱼的60倍，体重竟是雄鱼的50万倍！弱棘鮟鱇（*Leptacanthichthys gracilispinis*）和棘头光棒鮟鱇（*Photocorynus spiniceps*），这两种鱼的寄生性雄鱼体长都在7毫米左右，如果这些雄性个体能被证实已经成年，那么这两种鱼类将是迄今发现的体形最小的脊椎动物。

为了增加“邂逅”机会，雄鱼通常长着忽闪忽闪的大眼睛和硕大的鼻孔。雌鱼呢，则会借助信息激素或“钓竿”发出的生物光来吸引对方。一旦雄鱼找到心仪的雌鱼，便会咬住雌鱼的身体侧下方，雄鱼和雌鱼从此便“绑定”在一起，先是表皮层，然后是真皮层，再是组织，两条角鮟鱇会逐渐“融为一体”。

共生的鮟鱇鱼

配对之后的雄鱼，身体内的器官开始慢慢地退化，甚至消失，仅剩下用于繁殖的精巢。最终，有些种类的雄鱼竟然变成雌鱼身上的肉突，以此完成传宗接代。科学家把这种生殖方式称为“性寄生”。有了精巢所提供的精子，雌鱼便能随时随地给卵子受精，从而产生下一代，俨然成为雌雄同体。

当然，并不是所有角鮟鱇都是如此，有些类型只在繁殖期发生雄性依附雌性的情况。也不是所有角鮟鱇都选择“一夫一妻制”，科学家就曾经发现角鮟鱇繁殖时甚至出现一雌八雄的情况。

雅媒松江鲈

文 / 夏建宏

千百年来，四鳃鲈鱼经常出现在中国文人的作品当中，成为一种情感寄托或环境表达。一直到上世纪30年代，四鳃鲈鱼依然流传于名人名家的书信当中，成为文人之间交流的媒介，它也因此被称为“雅媒”。

秋末冬初，无论是从生物学还是从传统文化的角度，这个季节对于四鳃鲈鱼而言都是非同寻常的。我们不妨循着这些文化现象背后隐藏的蛛丝马迹，对其中科学与文化的“鱼水”关系，进行二次发掘。

鳃盖膜带有橘红条纹的松江鲈成鱼（夏建宏 供图）

根据《上海鱼类志》和《中国经济动物志·淡水鱼类（第二版）》等科学志书的记载，四鳃鲈鱼是松江鲈（*Trachydermus fasciatus*）的地方名或俗称。到了秋冬季节，成年的鱼会顺着江河游回它们的出生地——河口或浅海，进行以繁殖为目的的降河洄游。这时成鱼头部两侧鳃盖膜会分别出现两道橘红色的斜带，就像外露的四片鲜红鳃叶，“四鳃鲈”因而得名。

那么，我国古代文学记载中的“鲈鱼”是否就是今天科学意义上的松江鲈呢？松江鲈到底是不是鲈鱼呢？

宋代大文豪范仲淹曾有诗《江上渔者》：江上往来人，但爱鲈鱼美。君看一叶舟，出没风波里。

这首古诗可谓妇孺皆知，人们对鲈鱼的第一印象大概也发源于此。不过，此鲈非彼鲈。《江上渔者》所指的“鲈鱼”，大概率是指花鲈（*Lateolabrax japonicus*），属于鲈形目花鲈科，因为该诗的创作时期是在范仲淹被贬睦州（今浙江桐庐）的任上，具体年份为公元1034年4月到6月，这一时段应该不是“鱼肥味美”的松江鲈汛期，但花鲈却更为常见。松江鲈虽说名字里带有“鲈”字，但在分类学上属于鲉形目杜父鱼科，拉丁文的字面意思为“带条纹且皮肤粗糙的一种杜父鱼”。因此，就分类学意义而言，松江鲈不是鲈鱼，而是一种杜父鱼，两者相去甚远。

河川沙塘鳢（夏建宏 供图）

不过，若不是那标志性的“四鳃”，单从外观，松江鲈倒是很容易和市面上的塘鳢鱼相混淆。一般所说的塘鳢鱼，主要是指虾虎鱼目沙塘鳢科的河川沙塘鳢（*Odontobutis potamophila*）。

除了范仲淹，南宋的其他一些诗人也多有关于四鳃鲈鱼的描述。范成大有“西风吹上四腮鲈”“除却松江到处无”的诗句；杨万里有诗名为《松江鲈鱼》，其中有“鲈出鲈乡芦叶前”“秋风想见真风味”的句子；陆游诗中则写“流涎对此四腮鲈”；周弼描述为“小苞青橘四腮鲈”。其中虽然杨万里的诗文直接提到了松江鲈鱼，但因为缺少这种“鲈鱼”的形态描述，哪怕是提及具有洄游季节意味的“秋风”，也难以做出很好的物种对应。这里的“松江鲈鱼”，既可能是花鲈（花鲈科），也可能是松江鲈（杜父鱼科）。其他三位诗人都明确提到了“秋日”和“四腮鲈”(“腮”同“鳃”)，很好地指向了洄游季节和标志性的橘红鳃叶，可认为就是分类学上的松江鲈。

花鲈幼鱼（夏建宏 供图）

松江鲈幼鱼（夏建宏 供图）

古今皆说松江鲈，那么是否可以说，只有上海的松江才出产这种鱼呢？亦不尽然。

根据科学文献，大到中国、朝鲜、日本，小到我国的黄海、东海沿岸河口及其内伸河流，都有松江鲈的分布，上海地区各区县一度均有出产。由于涉及四鳃鲈的典故、诗文和科学文献多数集中在松江地区或吴淞江流域，所以松江鲈又具有浓厚的地域色彩。不过需要指出的是，这种地域色彩主要表现在文学领域。特别是南宋的文学作品，更是突出。靖康之变后，南宋建立并定都临安（今杭州），大量中原文人南迁。其间，士大夫阶层聚居太湖流域，松江鲈文化随之发展并一度繁盛，或与此不无关系。

其实，早在1000多年前的五代成书的《后汉书·左慈传》中《左慈戏曹操》一文，对松江鲈就有记述。到唐代成书的《晋书·张翰传》里记录的《莼鲈之思》，再到南宋的见闻式诗文，直到上世纪30年代世纪学人间的书信往来，松江鲈一直广受青睐，特别是在吴淞江流域应该都是相当常见的。然而到了近半个世纪，松江鲈却淡出了江湖，似乎仅存于老一辈上海人的记忆里。

透过松江鲈文化变迁的蛛丝马迹，可以看出野生松江鲈的数量已大幅减少。虽说松江鲈文化很多时候都围绕着饮食文化展开，但是松江鲈令人堪忧的生存现状并非仅仅由“吃”造成。试想，松江鲈历经千年都没有被人类吃绝，只是到20世纪中下叶才变得“一鱼难求”。事实上，对于野生松江鲈而言，筑坝、砌堤、航运、污染、电鱼等现代人为活动才是真正的“大规模杀伤性武器”。毕竟对松江鲈而言，洄游通道被阻断以及产卵场被破坏，才是致命的。可以这么说，大量捕食和环境受到人

黄海沿海的一个松江鲈产卵场（夏建宏 供图）

吴淞江流域的水闸（夏建宏 供图）

为活动的影响，这两种危害行为共同改变了松江鲈的生存状态。

幸运的是，基于当前的保护生物学的研究，松江鲈已被及时列入国家二级保护动物名录，在黄海、东海沿海的河流中，至今尚能偶见野生的松江鲈。如若不然，假以时日，随着这一物种的消失，松江鲈的文学形象也将变得更加模糊，而松江鲈文化便成为无本之末，最终难免沦为一种传说。由此看来，松江鲈，或者说四鳃鲈鱼，不仅是文人之间交流的良好媒介，也是科学、人文相互交融并借此将两大信息加以保存、扩散、流传的理想媒介。要说“雅媒”，当之无愧。

期待松江鲈早日重现江湖！

非洲之鱼

文／郦　珊

提到非洲，沙漠、炎热、缺水这些关键词就会自然而然地浮现在眼前，但事实上，非洲并非全是荒漠，东非大裂谷地区不仅植被茂盛，还养育了众多的野生动物，三湖慈鲷就是其中比较有名的一类。

慈鲷的“房子”

东非大裂谷是全世界陆地上最大的断裂带，裂谷带上有大大小小 30 多个湖泊，其中最有名的是三大淡水湖维多利亚湖、坦噶尼喀湖和马拉维湖，分别为世界第二、第六和第九大湖。在这三大湖中，马拉维湖里的慈鲷种类最多。

马拉维湖南北长大约 600 千米，东西宽大约 80 千米，湖中有 1000 多种慈鲷，这个数量已经超过了美国所有淡水鱼品种的总量，与中国的淡水鱼种数几乎相当！

为什么马拉维湖的慈鲷种类如此之多？

目前主流的假说为同域进化假说，指在同一个区域新物种从单系祖先演化出来的过程。由于种群间生态位的微小差异，造成了种群之间的生殖隔离，演化成了不同种。根据该假说，马拉维湖慈鲷种类的多样性可能跟慈鲷交配时的性别选择或者食物选择等因素有关。

湖中雌性慈鲷通常颜色较为灰暗，而雄性慈鲷则颜色鲜艳，不同种之间差别很大。同时，不同种的雄性慈鲷会在沙地上修建不同形状的“房子（bower）”，并且在求偶交配时跳出不同的舞步，雌性慈鲷则依据“颜值”、“房子的款式”和“舞技的高低”来选择心仪的对象。

除了雌性在选择配偶时的差异，湖中慈鲷的食性也大不相同，有食鱼性的、食虫性的、滤食性的及藻食性的。

外表相近的物种虽可能在同一块岩石上觅食，但仔细观察后不难发现，它们有的是吃岩石上的藻类，有的是吃附着在藻类上的浮游生物，这两种不同的摄食方式也导致了它们牙齿结构的区别，排列较密的双齿结构用来食用藻类；排列稀疏的单齿结构就如同梳子，方便食用附着在藻类上的浮游生物。

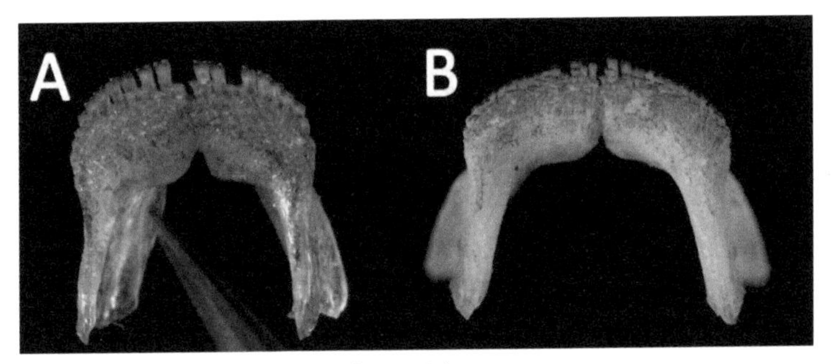

慈鲷的牙齿

此外，也有少数学者提出了异域进化假说。湖中大多数慈鲷都在沿湖相对水深较浅的岩石区或者沙地区生活，这里阳光充足，水温较高，食物丰富，加之大多数慈鲷十分“恋家”，并不擅长穿越水深区域长途跋涉到另一片适生区，一旦马拉维湖的水位出现剧烈变化，母群即被分割成不同的子群，当子群拥有足够多的个体并且与母群长时间地理隔断后，便逐渐演化成新的物种了。

非洲的三湖地区在生物进化史上拥有举足轻重的地位，至今它依然是全世界生物学家重点关注的区域，然而由于其中物种繁多、人力物力有限及分类标准不一等因素，还有很多未定名的物种。

有经验的科学家往往会给未定名的标本一个“临时

黄尾斑马（*Metriaclima flavicauda*）
A. 模式标本 B. 雄性 C. 雌性

身份证”，待将其拿回实验室后再进行分类命名。就拿 2016 年刚刚领了“身份证”的慈鲷新种黄尾斑马（*Metriaclima flavicauda*）来说吧。科学家在采集的时候就基本确定了其应该归属到已知属（*Metriaclima*）中，并且雄性个体的黄色尾巴将其与属内其他种区分开，故定名为“*flavicauda*”（*flavi*- 黄色，*cauda*- 尾巴）。由此可见，假以时日，三湖地区水中的“无名”慈鲷或将会被发现，并获得属于自己的科学学名。

无论是绚丽的外表还是神秘的进化机制，都令马拉维湖慈鲷备受世人瞩目。正如世界上其他地区一样，马拉维湖的生物多样性也遭到了前所未有的破坏。过度捕捞、外来物种的引进，以及因过度砍伐而造成的水土流失，这些都严重地破坏了马拉维湖的生态环境。值得庆幸的是，目前国际环保组织及马拉维政府已经将重点保护区域建设成了国家公园，并制定了相应的生物多样性保护方案。

中国学者与非洲慈鲷

有一些未定名种并不属于任何已知属，那么分类学家会在野外笔记中标明其所属类群，回到实验室后再做详细的比对，以确定是否需要命名新属。上海自然博物馆的学者曾于2016年在国际著名学术期刊《Zootaxa》上发表了一篇论文，整理了“*Pseudotropheus elongatus*（长身战神）”类群，并描述了1个新属“*Chindongo*”以及另外分属于“*Cynotilapia*”“*Metriaclima*”“*Tropheops*”等属下的6个新物种。

论文涉及的慈鲷鱼

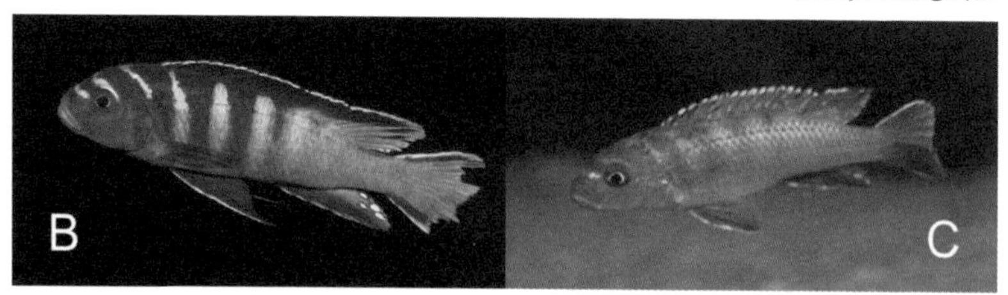

Cynotilapia chilundu（B. 雄 C. 雌）

Metriaclima usisyae（B. 雄 C. 雌）

Tropheops biriwira（B. 雄 C. 雌）

餐桌上的入侵种——罗非鱼

文 / 龚宇舟

本土的鲫（李帆 摄）

提起罗非鱼，你可能首先想起超市里的冰冻罗非鱼鱼片或餐桌上美味的红烧罗非鱼、清蒸罗非鱼等菜肴。罗非鱼因为环境耐受能力强且没有肌间刺的特点，被作为优良水产养殖动物在全球得以推广，目前上百个国家和地区均已人工养殖罗非鱼，其世界年产量仅次于草鱼（*Ctenopharyngodon idellus*）及鲢（*Hypophthalmichthys molitrix*）。但是，也正是因为人类主导的跨地区大规模引种，加之养殖逃逸及人为放生等，罗非鱼成为了世界著名的入侵物种，凭借其强大的适应和繁殖能力，对各地“土著”鱼类的生存造成了极大压力。

“罗非鱼”其实并不专指某一特定物种，而是鲈形目（Perciformes）丽鱼科（Cichlidae，又译为慈鲷科）中非鲫属（*Tilapia*）、口孵非鲫属（*Oreochromis*）、帚齿非鲫属（*Sarotherodon*）、齿非鲫属（*Coptodon*）这四个属的物种的概称。至于“非鲫”这个名称，则是因为罗非鱼原产于非洲，加之形态上类似我们熟悉的鲫鱼，所以在传入中国后被唤作“非洲鲫鱼”，但其在分类学上和鲫鱼所属的鲤科（Cyprinidae）相去甚远。

我国大陆地区的罗非鱼养殖始于20世纪60年代，至今累计引入6种罗非鱼，并且采用种间杂交的方式培育出一些具有优良养殖性状的罗非鱼品种，如尼奥罗非鱼即由雌性尼罗罗非鱼（*Oreochromis niloticus*）与雄性奥利亚罗非鱼（*Oreochromis aureus*）交配获得。经过半个世纪的发展，目前我国的罗非鱼养殖量及总产量稳居世界第一，但生物入侵问题随之凸显。

齐氏罗非鱼（李帆 摄）

引入的外来罗非鱼物种，如齐氏罗非鱼（*Coptodon zillii*）、尼罗罗非鱼、奥利亚罗非鱼及莫桑比克罗非鱼等已在我国南方多处河流中建立稳定种群，如珠江及闽江水系，由此带来严重的生态问题。根据近年来上海自然博物馆自然史研究中心的野外调查，齐氏罗非鱼相较其他罗非鱼物种，具备更为广阔的入侵范围，目前已扩散至浙江省新安江流域。

我国于 1978 年由泰国引入齐氏罗非鱼，但因其生长速度慢且成体体形小等特点，不久即遭到水产养殖户弃养。与尼罗罗非鱼经大规模、多批次引种获得较高繁殖体压力从而入侵成功的情况有所不同，齐氏罗非鱼的入侵主要依靠其自身顽强的环境适应能力。

野外调查时，科研人员在我国福建省莆田市荔城区新度镇宝胜村捕获的齐氏罗非鱼（李帆 摄）

齐氏罗非鱼个头虽小，但其抗寒能力、耐盐能力、抗重金属污染及寄生虫病能力在罗非鱼类中名列前茅，且其摄食活跃期长于其他罗非鱼。高繁殖力配合双亲完善的护卵及育幼行为，保证了齐氏罗非鱼子代数量的稳定增长。这些适应性特点及生活史特征，使得齐氏罗非鱼具备强大的入侵能力。

齐氏罗非鱼的生物入侵危害表现在多个方面，首先，齐氏罗非鱼通过竞争排斥，令本土鱼类数量大幅减少，甚至区域性绝迹；其次，其对河床植被的大量啃食，破坏了入侵地环境，影响水生生态系统的结构和功能；再者，齐氏罗非鱼作为外来物种，可能传播新型疾病，其与其他罗非鱼物种的杂交现象有利于入侵范围的扩张。另外，从经济角度看，齐氏罗非鱼的入侵降低了渔业捕捞量和渔民收入。

目前，罗非鱼的入侵危害已经引起了越来越多的关注，尼罗罗非鱼已被列入国家生态环境部颁布的《中国外来入侵物种名单·第三批》。随着《国家生物安全法》于 2021 年正式实施及入侵生物学研究领域获得更多新的发现，相信针对齐氏罗非鱼及其他外来生物开展的防控将取得良好的效果，我国的生态环境及生物多样性亦将受到更好的保护。

反客为主的大口黑鲈

文/胡　恺

中国花鲈（张寒野 摄）

从唐代大诗人刘禹锡的“朱门漫临水，不可见鲈鱼”，到宋朝豪放派词人辛弃疾的“休说鲈鱼堪脍，尽西风，季鹰归未”，再到北宋大文学家范仲淹的“江上往来人，但爱鲈鱼美”，鲈鱼的美味不言而喻。那么，用来制作古人倍加推崇的鲜美鲈鱼脍的原材料，和今天在市场上随处可见的食用鲈鱼，到底是否指的是同一种鱼类呢？

有学者认为，古人所说的鲈鱼指的是中国花鲈（*Lateolabrax maculatus*），这是一种广盐性的肉食性鱼类，既能生活在海水和河口半咸水中，有时也会上溯进入河流淡水区，在市场上俗称为“海鲈鱼”；也有人认为古人说的鲈鱼指的是松江鲈（*Trachidermus fasciatus*），体长通常不超过 20 厘米，体重不超过 350 克，属于杜父鱼科的松江鲈属，因为其鳃膜上的橘色斑纹而有“四鳃鲈”的俗称。

如今，最常见、最常被烹饪的鲈鱼是一种体色暗绿、体侧通常有不规则的深色斑块、长着大嘴的鱼类，俗称“加州鲈鱼”。

“加州鲈鱼”的学名为大口黑鲈（*Micropterus salmoides*），属于太阳鱼科的黑鲈属，与产于北美的太阳鱼和我国本土原生的各种鳜是“亲戚”，与鳜不同的是，大口黑鲈并不是中国的原生物种。虽然俗称“加州鲈鱼”，美国加利福尼亚州的大口黑鲈却不是当地的原生物种，它们是被人为引进的，原产地在北美洲东北部地区的淡水河流、池塘和湖泊中，北起加拿大魁北克省，南至墨西哥北部，这是一种长着大嘴的、贪婪的掠食性鱼类。

大口黑鲈（张寒野 摄）

大口黑鲈在原产地的水域中几乎无所不吃，从其他鱼类、螯虾、水生昆虫到蛙类、水禽的雏鸟、小蛇甚至美国短吻鳄的幼体，几乎所有能被塞进嘴的小动物都是它们捕食的目标。在食物匮乏的时候，它们能够通过调节自身能量的摄入和消耗，甚至依靠大量捕食同类的鱼苗来维持生存。

大口黑鲈的繁殖能力很强，当年出生的鱼苗5个月便可达到性成熟，雌鱼一次可产下上万枚卵，1 ~ 5天后就能孵化成鱼苗；雄鱼负责看护卵和鱼苗长达1 ~ 5个星期，直到它们发育成为能够大量吞食其他鱼苗和水生昆虫的杀戮机器。

在全世界许多地区，人们引进大口黑鲈作为游钓或食用鱼种，但是由于养殖逃逸和胡乱放生等因素，这些凶猛的掠食者逃逸到了野外，并在欧洲、非洲、南美洲以及亚洲部分地区造成了严重的生态问题。在南美洲危地马拉的阿特蒂兰湖，被人为引进的大口黑鲈消灭了当地三分之二的原生鱼种，并直接导致了一种当地特有的鸟类——巨鸊鷉的灭绝：这些不会飞行的游禽原本以湖中的小鱼和小型无脊椎动物为食，并在水面上筑巢，大口黑鲈不仅与它们争夺食物，更会直接吞食巨鸊鷉的雏鸟。在日本，入侵的大口黑鲈也对当地的鳑鲏等本土原生鱼类造成了严重的威胁。

在我国，大口黑鲈已经成功入侵了华中、东南、西南、华北甚至东北的一些天然水域。由于大口黑鲈咬钩凶猛，挣扎力强，颇受钓鱼爱好者的喜爱，有人甚至会将这些危险的外来入侵鱼种大量放生到天然水域，让其建立种群，以享垂钓之乐；由于市场上大口黑鲈鱼苗的售价非常便宜，一些养殖户和水体净化工程的施工人员也会将大口黑鲈作为天敌生物释放到天然水体中清除“野杂鱼”。

武汉东湖捕获的入侵大口黑鲈，其胃容物中发现多疣壁虎（胡恺 摄）

曾有科研人员解剖过多条从野外捕获的入侵大口黑鲈，发现其胃容物从鱼虾、水生昆虫到小型两栖爬行类一应俱全，其中数量最多的是以饰纹姬蛙为代表（本土原生蛙类，属有重要生态、科学、社会价值的保护动物）的本土蛙类，甚至还发现了多疣壁虎。大口黑鲈入侵严重的天然水域，本土原生鱼类数量往往非常稀少，大部分种类近乎绝迹，连麦穗鱼、真吻虾虎、日本沼虾这样的常见广布种也可能难觅踪迹。

武汉东湖捕获的入侵大口黑鲈，非常小的个体就已经性成熟（怀卵）（胡恺 摄）

虽然关于大口黑鲈的入侵对我国淡水环境保持生态平衡，以及本土原生水生野生动物的多样性究竟会产生多大的负面影响，目前仍缺乏详尽的研究和统计，但是对于像大口黑鲈这样危险的外来物种，我们每一个人都应该提高警惕，做到购买后不胡乱放生，捕获后不随意放流。只有这样，才能从源头上杜绝大口黑鲈对本土生态系统造成的危害。

“海洋别墅”的秘密

文 / 汤笑白

在海洋里，有一片巨型“海洋别墅”，虽然它的总面积仅占全部海域的 0.1%，却为约四分之一的海洋生物提供了舒适居所。迄今为止，在其中的“住客”中已发现有 4000 多种鱼类和数以万计的海洋无脊椎动物，那里是海洋中生物多样性极其丰富的地区之一，被誉为海中的“热带雨林”，它就是珊瑚礁。“海洋别墅”的秘密，正被人们逐渐揭开……

合叶珊瑚（顾邹玥 摄）

菊花珊瑚（顾邹玥 摄）

杯形珊瑚（顾邹玥 摄）

鹿角珊瑚（顾邹玥 摄）

很多人认为珊瑚是生活在海洋中的植物，因为它们看起来好像有很多“树枝”。实际上，珊瑚礁是珊瑚虫遗骸经过地质年代的作用积累形成的，而它的制造者，就是各种属于珊瑚虫纲的小动物珊瑚虫。珊瑚虫纲分为六放珊瑚亚纲（Hexacorallia）以及八放珊瑚亚纲（Octocorallia）。简单地说，八放珊瑚亚纲是触手为8或8的倍数的珊瑚，具有8枚完整的膈膜。而六放珊瑚亚纲则是触手为6或6的倍数的珊瑚，膈膜复杂。

珊瑚虫纲中的大部分珊瑚虫都能够形成骨骼，一般八放珊瑚骨骼多生于体内，许多种类会形成分散的骨针，骨骼成分有角质也有钙质，因此常将八放珊瑚称为“软珊瑚”。六放珊瑚的骨骼由体表分泌的钙质形成，骨骼成分为碳酸钙，骨质坚硬，常称为“硬珊瑚”，因此能够形成珊瑚礁的主要是六放珊瑚，六放珊瑚也称为“造礁珊瑚”。例如硬珊瑚中的石珊瑚，每当到了繁殖季节，珊瑚虫将卵子和精子排入海水中受精，受精卵发育为覆以纤毛的浮浪幼虫，能游动，浮浪幼虫数日至数周后便固着于固体的表面，发育成水螅体。

珊瑚虫也能以出芽的方式不断生长，成为珊瑚幼虫，幼虫不断繁殖逐渐形成珊瑚虫群落。珊瑚虫死去后留下白色石灰质骨骼，新的珊瑚虫在原骨骼上继续生长。石灰质骨骼则不断在浅海区堆积，并与其他能够形成钙质骨骼的动植物，例如软体动物、腕足动物、棘皮动物、石灰藻等一起经过地质年代的堆积作用，在海洋中形成了礁石、岛屿。

通过研究发现，几乎所有的造礁珊瑚表层的细胞内都有共生藻类，例如黄藻、绿藻等，这些藻类统称为“虫黄藻”。

经过统计，每立方毫米的珊瑚体内约有 3 万个共生藻，其密度之大令人瞠目结舌。造礁珊瑚体内蛋白氮含量的 50% 来自这些藻类，以致珊瑚虫表现出共生藻类的黄褐色、绿色等。当然，珊瑚的颜色还和自身的荧光色素有关。

这种共生关系互惠互利，珊瑚虫为共生藻类提供了良好的生活环境及安全保护，并提供藻类生长发育所需要的碳、氮、硫等物质，而共生藻类通过光合作用产生的物质对珊瑚虫来说也是不可缺少的。

珊瑚礁主要分布在南北回归线之间，以太平洋中西部居多。珊瑚礁对环境十分挑剔，水温、水质、海水含盐量等许多因素制约着珊瑚礁的形成。

根据珊瑚礁的形态及礁体与岸线的关系，可将地球上的珊瑚礁分成三种类型，这三类珊瑚礁各自以独特的形态存在于海洋中。

堡礁靠岸较远，礁坪与大陆海岸或海岛已被礁湖所隔离。著名的澳大利亚大堡礁，沿其东北海岸绵延 2000 多千米，宽约 50 千米，构成了地球上最大的大堡礁。

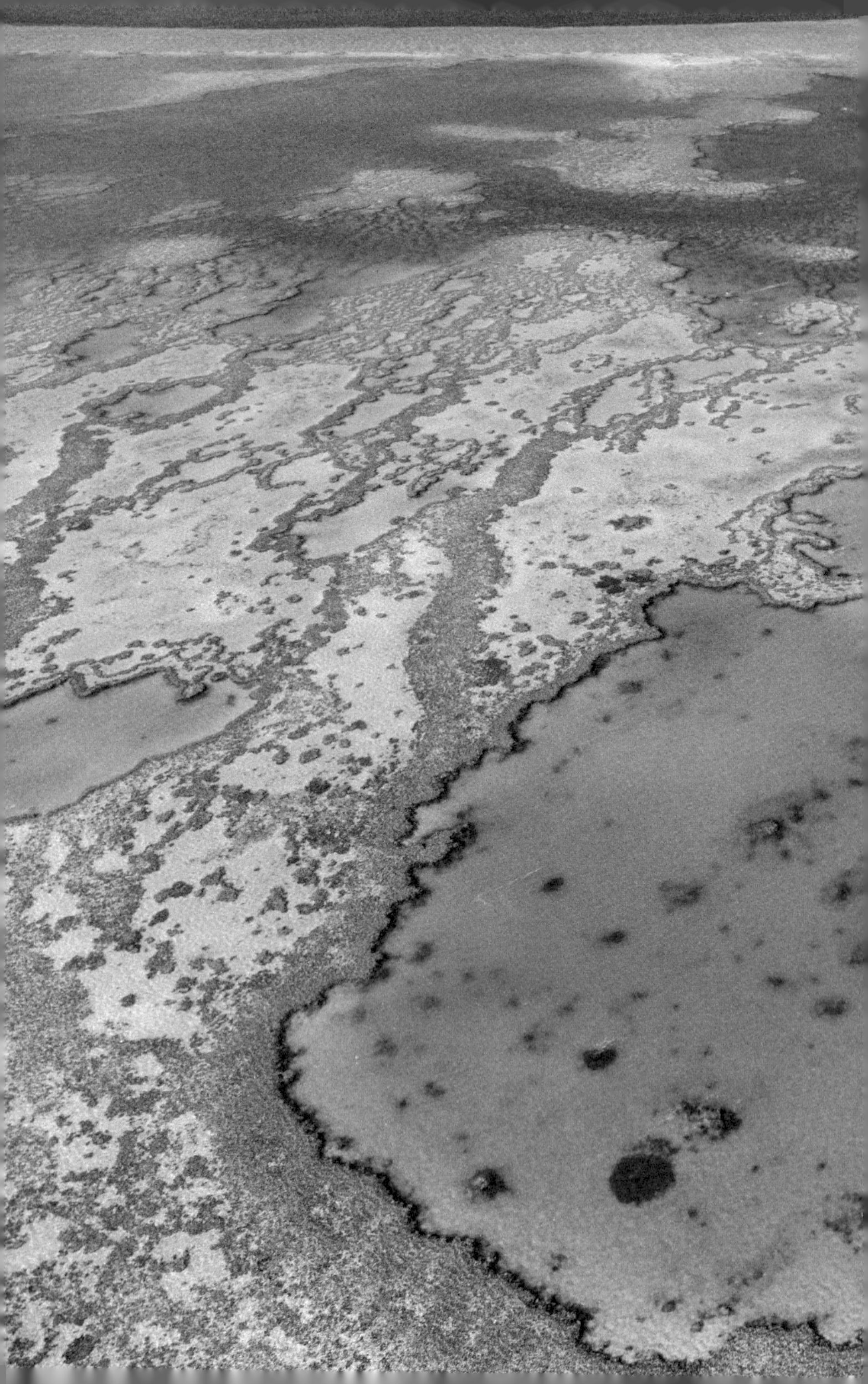

堡礁

裙礁是离岸最近的礁，直接由海岸向海内延伸，围绕海滨或岛屿，退潮时可以露出海面，形成一个礁平台，或称为礁坪。在我国海南岛的南海岸、西沙群岛中岛屿的沿岸都有这种裙礁。

环礁孤立于开阔的海洋中，在沉没于海水中的火山顶周围，它环绕着中央的礁湖，呈环形或马蹄形生长延伸，部分礁坪可以露出水面形成一个或几个小岛，称为补丁礁，在印度洋和太平洋海域就有 300 多个这样的环礁。

随着全球气候变暖和海洋污染的加剧，很多地区珊瑚礁的数量正在急剧减少。

1998 年，厄尔尼诺现象爆发，印度洋的水温升高约 5℃，导致该地区近 98% 的珊瑚虫死亡。同年，亚洲金融危机爆发，走投无路的渔民被迫采取破坏性的炸鱼捕鱼方式，进一步加剧了海洋环境污染，对珊瑚虫的危害尤为严重。

一旦周围海水水温高于 30℃，与褐藻共生的鹿角珊瑚体内的褐藻就会死亡并排出体外，鹿角珊瑚也会因失去营养供应产生白化现象而最终死去。

四分之一的海洋生物，居住在珊瑚礁建造的“海洋别墅”里。如果消亡继续，未来的某一天，它们会流离失所吗？

深海热液

与珊瑚礁生态系统的五彩斑斓相比，2000 多米深的深海世界则是另一副模样：那里不仅压力大，而且黑暗。神奇的是，在太阳照不到的深海里，竟然还有生命，如硫细菌、血红色管状蠕虫、大白蛤、虾、蟹、鱼，等等。这些生物并不依靠太阳能，依靠的是化学能。上海自然博物馆“生态万象”展区的“自然之窗”就复原了深海热液的场景。

上海自然博物馆“生态万象”展区（高洁 摄）

给鱼儿造公寓

文 / 肖南燕

珊瑚礁

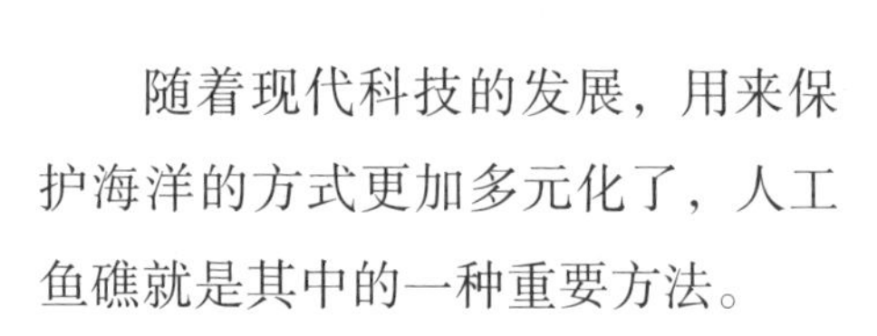

随着现代科技的发展，用来保护海洋的方式更加多元化了，人工鱼礁就是其中的一种重要方法。

鱼礁是水中礁石的一种，主要形成在海洋、湖泊中，是鱼类的一种栖息地，可以说是鱼儿的“房子”。它的存在对维持生态平衡有着重要作用。我们熟知的珊瑚礁，其实就是一类天然鱼礁。

然而，鱼类赖以生存的大然鱼礁曾经遭遇人类生产活动的侵扰和破坏。早期海洋渔业经常采用的底拖网捕捞技术，一度成为海洋生物的最大杀手。这种捕捞方式几乎将底层和近底层的鱼、虾、软体动物等一网打尽，不仅造成过度捕捞问题，而且影响到食物链，致使其他鱼类无法获得足够的食物。除了直接毁坏生物，底拖网捕捞方式更是将近海海底的自然鱼礁夷为平地，使鱼儿们流离失所。长期遭受底拖网捕捞的海底区域往往出现平脱化、荒漠化，以及鱼类种群严重下降等现象，导致海洋生态环境日趋恶化。人工鱼礁由此应运而生。

人工鱼礁并不是什么特别新鲜的事物。早在中国明朝的嘉靖年间，广西北海的一些渔民就已经开始向海中投放竹篱，用来诱捕鱼群。他们用大毛竹组成一些篓插入海底，同时向其中投入石块和竹枝等，形成大小不一的间隙，供鱼儿钻入，为它们提供庇护。人们给鱼类建造“公寓”，以此吸引鱼群“入住”。这种方式不仅方便了渔民捕鱼，也在一定程度上改善了生态环境。这些竹篱实际上就是早期的“人工鱼礁”。

水中的油漆桶

探索人工珊瑚礁

随着时间的推移和社会的发展，人们不再使用竹子专门制作人工鱼礁，而是选择一些现成的、有孔隙的、不规则形状的材料。

过去海边的渔民曾将一些破旧的船只、石块、废旧轮胎等物品投放到海中形成人工礁体，试图达到吸引鱼群的效果。可是，他们当时没有意识到另一个严峻的问题——污染海洋环境。渔民们投放废旧物品招引鱼类的行为其实是在向海洋中倾倒“垃圾”。随着人们环保意识的增强，现在人们投放的人工鱼礁都是经过改进的，通常是具有特定形状且材质稳定的构造物。

人工鱼礁放置后可以改善海域生态环境，重新营造海洋生物的栖息之所，为鱼类等提供繁殖、生长、索饵和躲避天敌的场所，最终达到保护、增殖和提高渔获量的目的。

鱼儿聚集在鱼礁周围

正如不同功能的房屋的设计存在差别，不同功能的人工鱼礁也有着不同的构造和材质。人工鱼礁的设计是一门很有意思的学问。按照功能，鱼礁可以分为三种类型。

生态公益型：投放在海洋自然保护区或者重要渔业水域，用于提高渔业资源的保护效果。

准生态公益型：投放在重点渔场，用于提高渔获质量。

开放型：投放在适宜休闲渔业的沿岸渔业水域，用于发展游钓业。

近几年，人们通过推进海洋牧场建设来实现生态修复和渔业发展双重目标。除了通过推进人工鱼礁的建设来改善海洋生态外，海洋牧场的生态修复方法还包括壳孢子泼洒、浅海底播增养殖和放流增养殖，这些举措能够补充并恢复海洋藻类、底栖类、鱼类等生物群体，从整体上改善近海海洋的生态环境。

坐“鱼梯”洄游

文 / 徐呈双

木梯、云梯和电梯，人们或多或少都听说过，可是你听说过“鱼梯”吗？

鱼不是会跳吗？怎么还需要梯子呢？“鱼梯”是给鱼用的吗？

河流里的鱼类一般不会只在一个水域内度过终生。为了产卵或繁殖，抑或为了躲避不适合它们生长生存的天气或急流，鱼类会在功能不同的水域间作定向迁徙，这就是鱼的洄游。

斜坡岩石鱼道

另一方面，人类为了防止洪水泛滥，或者为了水力发电、储备水资源等目的，在河川里建立了水坝，而其中的一些水坝阻止了鱼类的正常洄游。为了减轻水坝的负面影响，恢复鱼类的洄游功能，人们创造性地设计了可供小鱼跃过的鱼梯，它实际上是一类帮助河流中的鱼游到上游水域的通道，也称“鱼道”。

虽说河流里确实有一些能够跳跃的鱼类，但还有很多小型鱼类溯流而上的游泳和跳跃能力非常弱。水坝对于它们来说，就好比大山一样高，根本不可能跃过。因此，在设计鱼梯时，必须通过严格的实验测试，调查需要通过该流域所有鱼类的游泳能力，进而建造出一个倾斜角度适合的鱼梯，让成功“爬上”鱼梯的小鱼的数量和种类达到最大化。

在北美大平原地区的美国科罗拉多州，生物学家和工程师设计了一种斜坡岩石鱼道。这是一种模仿自然环境，由人工斜坡和岩石块组成且没有垂直高低落差的鱼梯。

鱼梯的倾斜角度究竟是多少才算合适呢？生物学家对当地常见的三种小型鱼类进行了研究，它们分别是阿肯色镖鲈（*Etheostoma cragini*）、黄石鮰（*Noturus flavus*）和小眼平头鮈（*Platygobio gracilis*）。首先，工作人员建立了一个长达 6.1 米，可以控制倾斜角度的鱼梯模型，并以每 2.01 米为单位，设置了两道不影响小鱼游动的横线，以供研究员记录有多少小鱼成功游过了该段鱼梯。

研究者很快发现，在这三种小鱼中，阿肯色镖鲈的游泳能力是最弱的。当鱼梯的倾斜角度为最陡的 10% 时，只有 83% 的阿肯色镖鲈能游过第一段鱼梯，且没有一条能游上第二段。

相比之下，小眼平头鮈的游泳能力最强，全部游过第一段，并有 89% 成功游过了第二段鱼梯，但也没有一条能游过第三段。

黄石鲴处中等，有 35% 成功游上了第二段鱼梯。

于是，工作人员以 2% 的倾斜角度为单位，不断降低鱼梯的倾斜角度。

当倾斜角度为 6% 时，大部分（97%）阿肯色镖鲈能越过第一段鱼梯。

当倾斜角度为 4% 时，小眼平头鮈和黄石鲴能游完整条鱼梯。

当倾斜角度为 2% 时，40% 的阿肯色镖鲈能游到终点。

据此，科研人员发现，若是在科罗拉多州大平原地区中的河流里建立斜坡岩石鱼道，需要设计 2% 甚至更低的倾斜角度，才能照顾到所有的鱼类。

竖缝式鱼道

鱼梯对鱼类的游泳能力有一定的要求，但通过在鱼道中设计供鱼小憩的休息池，可以帮助耐力较差的鱼类恢复体力。休息池的作用类似于高速公路上的服务区。

竖缝式鱼道是其中的典型代表，也是所有鱼梯类型中最常见的。这种鱼道由数个方形的小水池和倾斜的坡底构成，每个水池都留有一条水槽供水流向下通过。水槽是小鱼游向上游的入口，它们可以借助瞬时突进的游泳速度来通过一个小水池，然后在水池中养精蓄锐，直到体力恢复后，再次突进游入下一个小水池。根据具体鱼群种类的不同，小水池的长度、水槽中水流的流速等，都是设计竖缝式鱼道时需要考虑调整的因素。

其实，除了斜坡岩石鱼道和竖缝式鱼道，还有很多其他的鱼梯设计。比如，还有用电梯将鱼类从水坝底部直接传送到上游的“鱼电梯”，可谓“脑洞大开”！总之，当人类下定决心保护河流中的鱼类时，办法总比问题多！

上海青蛙的“家谱”

文/何　鑫 高　艳 高　洁

全球气候变化给两栖动物的生存带来了挑战，物种的多样性也面临巨大的威胁，这已经成了世界范围内的共识。蛙类作为两栖动物世界里的多数派，在楼宇林立、车水马龙的上海，它们的生存状况如何？它们都有谁？还能不能给人们带来“听取蛙声一片”的诗意享受？让我们一起来翻一翻上海青蛙的“家谱”吧！

首先是分布最广泛的黑斑蛙（*Pelophylax nigromaculatus*），又叫黑斑侧褶蛙，“侧褶”指的是它们背面的两侧各有一条宽厚的褶。它们叫起来的呱呱声，是我们最为熟悉的蛙叫。

黑斑蛙（何鑫摄于华东师范大学丽娃河）

作为一种典型的青蛙，大家可能觉得它们理所应当是绿色的。其实，黑斑蛙的体色是多变的。在野外，我们可以看到黄绿色、灰褐色、黑色、黑绿相间等各种体色的黑斑蛙个体。但它们都有一个共同点：身上都存在大小不一的黑色斑点纹路，就像迷彩服；矫健蛙腿上的横纹更是明显，而这正是它们名字的来历。相对来说，它们的蝌蚪颜色就要浅很多了，往往呈现为半透明的灰褐色。

黑斑蛙喜欢老老实实地待在水边。在夏天的夜晚，公园的水塘、乡间的稻田，以及水陆交接的边缘地带是最容易发现黑斑蛙的地方。运气好的话，你还能听到此起彼伏的“咯呱咯呱”的合唱声，如果这时你恰巧发现了一只黑斑蛙，那么你会看到它眼后下方鼓成球状的鼓膜，蛙声就来自那里。

金线蛙（何鑫摄于崇明东滩湿地公园）

还有一种带侧褶的蛙叫作金线侧褶蛙（*Pelophylax fukienensis*），也叫金线蛙。与黑斑蛙不同，金线蛙更喜欢待在水的中央地带，而且往往水域要有一定面积，还要够深，且有足够的水草。

因为金线蛙对居住地比较挑剔，所以我们不是在各个公园的水塘里都能轻易找到它们。对金线蛙来说，趴在荷叶这种“水上浮床”上休息，或许是最惬意不过的了。有的时候，它们喜欢在水草密集的区域露出自己的小脑袋，假如夜间用手电筒一照，眼睛的反光就轻易地把它们自己给暴露了。

金线蛙的颜色，就是正儿八经的绿色了。有的是身上干干净净的绿，有的则背上还有点棕黄色。虽说是黑斑蛙的亲戚，但金线蛙身上没那么多黑色斑点。至于“金线”，说的就是它们的侧褶是偏金黄色的，所以整体形象看起来就像一条“金线”。不过，它们的叫声是比较奇怪的，往往只是“嗝”的一声，而且很轻，不仔细听的话，还真听不出来是蛙叫呢。

泽蛙（何鑫摄于崇明东平森林公园）

泽蛙（*Fejervarya limnocharis*）的生活环境偏旱一些，经常出现在上海郊区的农田里，所以又叫泽陆蛙。泽蛙的体形较小，脸较长，算是典型的“V”字脸。泽蛙的叫声不算大，但它的一对鼓膜在嘴巴下面，所以叫起来的时候嘴下好像长了两个大包，煞是可爱！看泽蛙背面，两眼之间有“V”形斑相连，肩部一般也会有“W”形斑。在体背，有的泽蛙甚至长有一条从嘴巴到屁股的明显“1”字形浅色条纹。

泽蛙身上总体条纹多而斑点少，背上长有很多长短不一的小褶。至于颜色，泽蛙又是一个多样化的典型，有灰橄榄色、深灰色、棕褐色、赭红色、绿色等。

饰纹姬蛙（*Microhyla ornata*）身材更小，成年蛙也就一元硬币那么大。由于它的身体呈三角形，这样一来，头就显得更小了。这种蛙也不怎么喜欢在水边活动，而是更喜欢农田和绿地的草丛。如果夜晚在上述环境中隐约听见像发条一样的“嘎嘎”声，大概率能在附近找到饰纹姬蛙。

饰纹姬蛙似乎偏爱“纹身”。它们的背上以斑纹居多，但更有规律，花纹从两眼后侧的身体中线处展开，向身体两边延长，这使饰纹姬蛙的三角身形显得更加突出了。

饰纹姬蛙（何鑫摄于崇明庙镇）

北方狭口蛙（张伟 摄）

近年在上海的一些公园绿地出现了一种新分布的小型蛙类，名叫北方狭口蛙（*Kaloula borealis*）。由于过去在上海都没有记录到这种蛙，所以这个发现算是刷新了一个纪录。

北方狭口蛙和饰纹姬蛙是近亲，身材都很小，整个身体看上去呈椭圆形，胖乎乎的，再加上五官集中，所以显得特别呆萌。这种蛙类一般背呈棕褐色，有时也有不规则的棕黑色斑点和纹路。在上海，北方狭口蛙一般只出现在大雨后的傍晚，而且仅限于少数几个地区。

上海当前蛙类不多，只有区区 5 种，这一方面是环境变化造成的，另一方面也是因为人类高强度捕捉所致。雨蛙曾经常现身于上海郊区的稻田，如今已经难觅踪迹。因此，眼下仅存的这 5 种青蛙朋友，值得我们好好珍惜。

蝌蚪是谁的孩子

文/张　伟　张　昱　曹晓华

春天来了，万物充满了朝气，新生命也从各个角落冒了出来。在公园的小河边以及郊区的小池塘旁，一些人带着网兜和水桶，目不转睛地盯着水面。他们在干什么？你可能一下子就猜到了：他们在捞蝌蚪。

捞蝌蚪是大多数人童年的美好回忆，《小蝌蚪找妈妈》也是大多数小朋友看过的动画电影。可爱的形态、灵巧的身手、变态的发育，孩子们得到了饲养蝌蚪的乐趣，以及观察体验的收获。在以前的花鸟市场，一些商家会应季推出小蝌蚪，作为宠物招揽小顾客。那么，你可知道，你看到的小蝌蚪，它是谁的孩子呢？

大家捞到或看到的蝌蚪，不一定是青蛙的孩子，它们的父母，非常有可能是小朋友所不喜欢的癞蛤蟆（蟾蜍）。之所以蛙和蟾的蝌蚪会被混淆，根本原因是它俩长得太像。蛙和蟾属于同一个大家族：两栖纲(Amphibia)的无尾目(Anura)。无尾目动物的发育主要分为三个阶段：卵、蝌蚪和成体。其中有一个显著的特点，即幼体（卵、蝌蚪）和成体的形态以及习性的差距变化极大，我们称之为“变态发育”。在成体的时候，我们可以一目了然地分辨，皮肤粗糙、行动慢条斯理的是蟾蜍；体形苗条、跳高跳远像弹簧的是青蛙。但在它们的小时候，即卵和蝌蚪时期，一眼看上去，在水里的两者似乎差不多。所以，你千辛万苦捞到的蝌蚪，可能不是你想要的青蛙。

蛙类生活史解析图

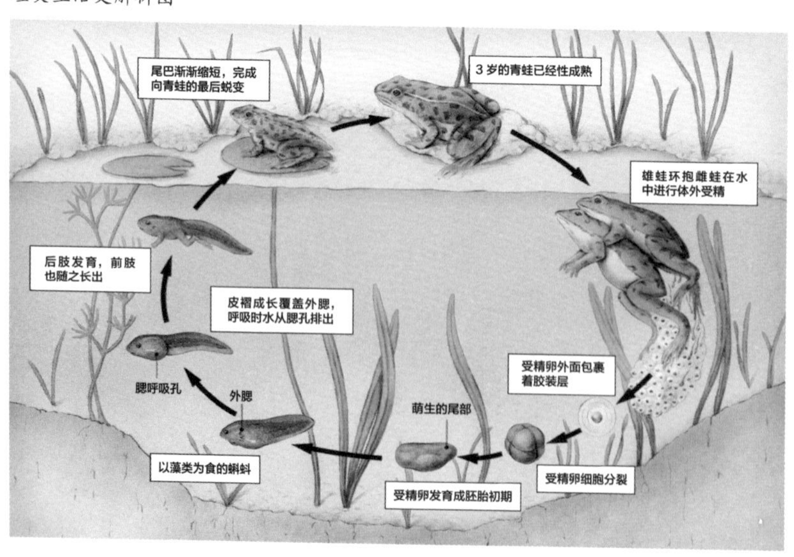

其实，对于受精卵和蝌蚪时期的蛙和蟾，只要抓住科学特征，仍然可以加以区别。以上海地区常见的青蛙（黑斑侧褶蛙或金线侧褶蛙）和蟾蜍（中华大蟾蜍）为例，我们来简便快速地分辨受精卵和小蝌蚪的父母究竟是蛙还是蟾。

蟾蜍的卵（张伟 摄）

在受精卵时期，我们可以从卵的形态和产卵时间两个方面做出判断。从形态来看，青蛙的受精卵是一个一个挤在一起形成的团块状，而蟾蜍的卵呈现为明显的带状，大多是2行，也有3行或4行的。从产卵时间来看，在上海地区，蟾蜍一般在2月底产卵，黑斑侧褶蛙在清明前后出蛰，金线侧褶蛙则稍晚一些，所以蛙类在4～7月持续产卵。一般4月看到的蝌蚪是蟾蜍的孩子，5月中旬之后看到的蝌蚪才可能是蛙的后代。另外，从受精卵的颜色来看，蟾蜍的卵颜色更深，不过这是比较出来的，需要积累更多经验，才能做出正确判断。

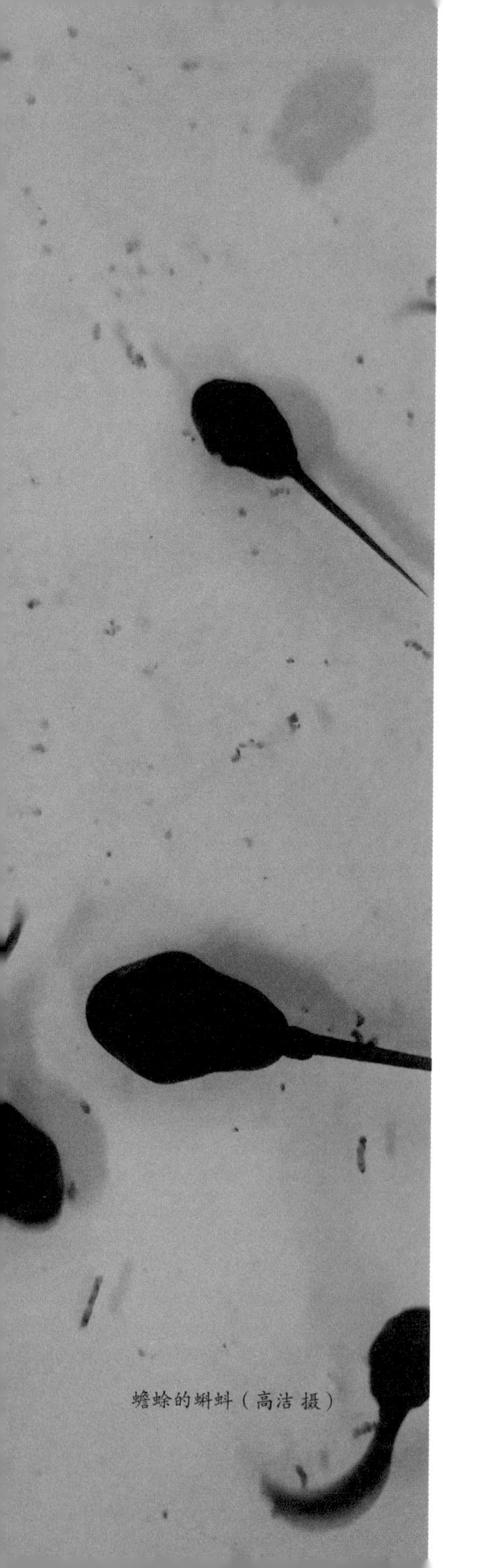

蟾蜍的蝌蚪（高洁 摄）

在蝌蚪阶段，我们可以从游泳行为和体色深浅两个方面做出判断。从游泳行为来看，蟾蜍的蝌蚪一般密集地聚在一起，喜欢朝同一方向游动；而青蛙的蝌蚪较为散漫，通常在游动时各行其是。从体色来看，青蛙的蝌蚪颜色较浅，主要呈褐绿色，杂以黑褐色的斑点；而蟾蜍的蝌蚪主要呈黑色，这跟它们各自受精卵时期的颜色也是匹配的。另外，青蛙蝌蚪的身体略呈圆形，尾巴较长；相比之下，蟾蜍蝌蚪的身体偏椭圆形，尾巴较短。在生物学中，还可以根据其他特征做出判断，比如两者口的位置不同，蟾蜍蝌蚪的口位于前腹部，而青蛙蝌蚪的口位于头部前端，等等。

当然，最简单最直接的鉴定方式就是将蝌蚪养大，等它完成变态发育，长大成蛙后就更容易鉴定了。

小朋友捞蝌蚪的初心，有的是为了观察，有的是出于好奇。但在这里还是要奉劝你：别捞了！最主要的原因是，你养不活蝌蚪。

想要让蝌蚪发育为成体，远比想象的困难。首先，自然界中蝌蚪的成活率本就很低，由于两栖动物在产卵后缺少亲体的守护、育雏等关怀行为，因此，成活与否基本是听天由命。研究表明，其存活率一般低于5%。其次，环境适宜与否对蝌蚪的存活、发育和生长具有决定性的影响。理论上，如果你想看到蝌蚪完成变态发育，最少要有100只蝌蚪，并且要营造适宜的水生栖息环境。

更困难的是，不同种类的蝌蚪对于发育环境有不同的需求。对于普通人来说，要弄清楚蝌蚪的种类已经是一个不小的挑战，而要营造适合蝌蚪生长发育的环境，就必须对该种类有相当专业的了解，这无疑是一道难以逾越的关隘。因此，大多数被捕捉的蝌蚪只能在家里的小缸中存活几天，如此这般，该有多少蝌蚪成为无谓的牺牲品？

金线侧褶蛙蝌蚪（张伟 摄）

北方狭口蛙蝌蚪（张伟 摄）

青蛙和蟾蜍，虽然有的是大长腿，有的是丑八怪，但无论哪一种，都是我们人类的朋友。它们以蚊子、孑孓、蝗虫、蝼蛄及多种趋光性的蛾、蝶为食，能够有效减少我们身边的虫害。农业有了更多的蛙蟾，粮食和蔬菜才能更少地使用杀虫药；环境有了更多的蛙蟾，我们才能更少地遭受蚊叮虫咬。

随着野生动物保护观念的深入人心，如今，大多数小朋友已经知道，不应该去捕捞自然界中的小蝌蚪。如果我们确实热爱这些可爱的小动物，那么，可以定期去有小蝌蚪的水塘边，在那里，你还能同时观察到不同发育时期的个体呢！

在树上产卵

跟其他蛙不同，一些树蛙选择在树上产卵。抱对的蛙通常先选定一株池塘上方的树枝，随后雌蛙用双腿打出一个大大的泡泡，再把卵产在泡泡内，雄蛙也配合着完成授精。受精卵经过数天的孵化后成为蝌蚪，自然落到下面的池塘里。这一精巧的设计，保证了树蛙极高的孵化成活率。

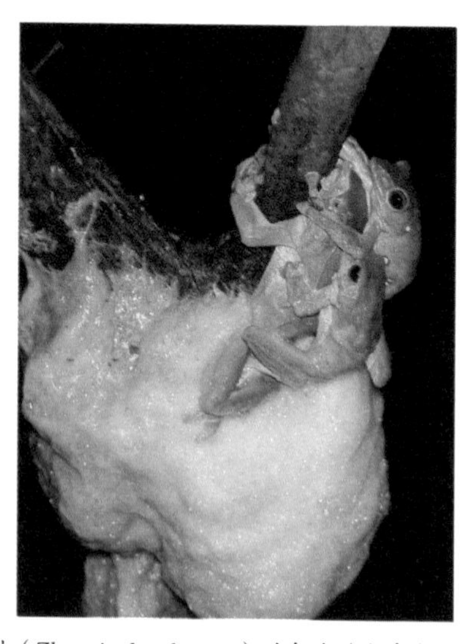

大树蛙（*Zhangixalus dennysi*）的卵泡（张伟 摄）

有爱的蛙让你不孤单

文 / 石亚亚

爱存在于生命的每一刻，不仅在人间，也在动物世界里。那些生命的传递、爱的守护，总在不经意间让人动容。

在动物界，生命的开端就是一个受精卵细胞，具体到生育方式，主要就是胎生和卵生。人类和大部分哺乳动物均为胎生，小宝宝需要在母亲的子宫中孕育，并完全依赖母体提供营养；而一般的鸟类、两爬类、大部分的鱼类和昆虫都是卵生动物，受精卵在发育的过程中依靠的是自带的营养物质。

除了卵生和胎生，还有一种特殊的生育方式——卵胎生。卵胎生是指动物的卵在母体内发育，但它并不依赖母体提供营养，仍然是靠受精卵本身的营养孵化，只不过要在母体内成为新的个体后才产出，一些鲨鱼、少数昆虫和部分两栖爬行类动物就是以这种方式繁育后代的。

在这种繁育方式中，胚胎与母体在结构及生理功能方面的关系并不密切。对母体来说，这种方式可以更好地保护胚胎的安全；对胚胎来说，它可以躲在一个安全舒适的港湾中孵化。卵胎生的胚胎发育所需的营养仍然依靠卵黄提供，或只在胚胎发育后期才与母体进行少量物质交换。

卵胎生，既是达尔文进化论的一个鲜明的实证，也是动物界爱的承诺的一种方式。

在上海自然博物馆的“生存智慧”展区，有一组特别的蛙：负子蟾、胎生蟾、卵齿蟾、胃育溪蟾和跗蛙。让我们来见识一下这些两栖动物的繁育绝招吧！

负子蟾属（*Pipa*），从字面上看，负子蟾是背着孩子的蟾蜍。不过，这些母亲背着的只是一个个受精卵。以苏里南蟾为例，它是负子蟾属下的一个原始物种，分布于南美洲和非洲。在繁殖季节，雌性负子蟾的背部皮肤会软化成海绵状，形成许多的小凹槽。等到雌蟾和雄蟾的卵子和精子排出体外形成受精卵后，雄蟾会接住这些受精卵，并压入雌蟾的背部，然后，雌蟾背部会分泌出胶质，把这些受精卵裹住。静静地在水里等待 11 周左右后，小负子蟾的发育就成功了，随后，它们就从妈妈的背部一个一个跳出来。

胎生蟾（模型）（高洁 摄）

利比里亚胎生蟾蜍属（*Nimbaphrynoides*）又称宁巴山胎生蟾蜍属，是非洲科特迪瓦和几内亚之间宁巴山的特有类群，属下共有2种。这些雌蟾的输卵管会膨大成子宫状结构，在繁殖期内可以把受精卵留在输卵管中，直到发育成型才产出体外，属于典型的卵胎生。不幸的是，由于栖息地的破坏，利比里亚胎生蟾蜍属已经极度濒危。

卵齿蟾属（*Eleutherodactylus*）各种类的发育过程也很神奇。一般来说，受精卵在卵膜内发育成小蝌蚪后，就会冲破卵膜，开启自由的生活，或成长，或毁灭。但卵齿蟾属的受精卵在发育成小蝌蚪后，卵膜并不会破裂，小蝌蚪继续在卵膜内发育，直至成型的小蟾蜍破膜而出，进入大自然。由于卵齿蟾出生便是成体状，因此成活率得到了极大提升。

卵齿蟾（模型）（高洁 摄）

溪蟾属（*Rheobatrachus*）中的胃育溪蟾（*Rheobatrachus silus*）仅分布于澳大利亚昆士兰东南部的布列克尔山脉及克伦多山脉，栖息在海拔 350 ~ 800 米处。可惜的是，1972 年才发现的该物种，1981 年于野外已经不见踪影，1983 年人工饲养的胃育溪蟾宣告死亡，人们不得不相信，如今它们已经灭绝。

胃育溪蟾（模型）
（高洁 摄）

胃育溪蟾有着极其独特的孵化模式，卵在体外受精后，雌蟾会将其咽下，让它们在胃里孵化。你可能会问，脆弱的受精卵如何在强酸性的胃液中活下来呢？这要感谢包裹卵的那一圈胶状物，其中含有前列腺素 E2（PGE2，Prostaglandin E2）。当雌蟾咽下卵的时候，PGE2 可以令胃部暂停分泌盐酸；当卵孵化为蝌蚪后，蝌蚪的腮分泌的黏液中也含有 PGE2，这样蝌蚪们就可以顺利地在妈妈的胃里存活了。同时，自受精卵进入胃部后，母蟾就停止进食，直到小蝌蚪发育成型。这个过程大约持续 6 个星期，到时候，母蟾就从嘴巴里吐出它的孩子，像变戏法一样。

跗蛙属（*Cochranella*）蛙又被称为玻璃蛙，它们大都生活在热带雨林中，腹部皮肤半透明，人们能够隐约看到它们的内脏。跗蛙具有守卵现象，它们的卵通常会产在小溪上方的树叶上，在卵孵化的过程中，蛙妈或蛙爸会安静地守护在卵旁，确保这些卵不会变干，同时保护卵免受寄生虫和小型捕食性昆虫的侵犯。

跗蛙（模型）
（高洁 摄）

绝大多数的两栖动物会在繁殖期产下成百上千枚卵，这是因为在漫长的孵化过程中，其中的大部分会被天敌吃掉，它们要依靠数量来保证一定的成活率。而以上这些“负责任”的蟾妈蛙妈以及那些爸爸，为了保护自己的孩子也是竭尽所能。它们有的把孩子当成背部“挂件”，走到哪儿背到哪儿；有的做了最好的“防盗措施”，把孩子藏在胃里孵化；有的夫妻齐心，守在卵旁成了“望子石”。

但是，随着人类活动的增加，两栖动物的栖息地遭到了极大的破坏，这些可爱又特别的蟾和蛙正面临前所未有的挑战，有的极度濒危，比如胎生蟾；有的甚至已经灭绝，比如胃育溪蟾。

非常希望我们每个人，都能提供一份爱的守护。从身边做起，爱护每一片池塘，爱护每一个小精灵。

背着孩子上“高楼”

草莓箭毒蛙

草莓箭毒蛙（*Oophaga pumilio*）被誉为世界上最漂亮的青蛙。交配结束后，雌蛙会在湿润的树叶上产下 3 ~ 5 枚卵。等到小蝌蚪孵化后，雌蛙会依次背上小蝌蚪，爬到高高的凤梨树上，把蝌蚪放入存有雨水的宽大树叶间。每个地方只放一个小蝌蚪，每隔几天，雌蛙就在那里产下一枚未受精卵作为小蝌蚪的食物，直到它们变成幼蛙。

长着胡子的蟾——峨眉髭蟾

文 / 龚宇舟

每年 2 月下旬至 3 月中旬，我国四川的峨眉山还沉浸在刺骨的寒风中，从多石的山溪中就传来一阵阵“咕——咕——咕”的鸣声。声音从水下发出，低沉而有节奏，这便是雄性峨眉髭蟾(*Leptobrachium boringii*)在“一展歌喉”，呼唤雌性了。

不同于多数无尾两栖动物，峨眉髭蟾的雄性虽然能发出鸣声，但它并不具备声囊，所以声音低沉而不高亢。不过这种雄蛙的另一个特点，绝对不会让你对性别产生误判，那就是它嘴上竖立的“胡须”。处于繁殖季节的雄性峨眉髭蟾的上唇边缘会生长出 10 ~ 16 枚锥状的黑色角质刺，而雌性的相应部位为橘红色或米色小点，与雄性区别明显。

雄性峨眉髭蟾的“胡须”（云哥 摄）

正是因为上唇的这一圈黑刺，峨眉髭蟾获得了“胡子蛙”和“角怪”的俗称。峨眉髭蟾“胡须”的主要成分与人类及其他哺乳动物的胡须相似，为角蛋白，其生长受到雄蛙体内性激素水平的调节，繁殖季节来临时开始生长，繁殖季节过后便脱落消失，仅余白色斑痕。峨眉髭蟾的“胡须”不仅是脸面装饰，还具有非常实用的功能。繁殖季节中，雄蛙之间为了争夺领地和配偶而大打出手，“胡须”便成为了武器。另外，雄蛙还会利用坚韧的“胡须”在溪流砂石间筑巢，等候雌性到来。

“胡须”脱落的雄性峨眉髭蟾（龚宇舟摄于贵州梵净山）

崇安髭蟾（郑渝池 摄）

除峨眉髭蟾外，被叫作“胡子蛙”的无尾两栖动物在我国还有哀牢髭蟾（*L. ailaonicum*）、雷山髭蟾（*L. leishanense*）、崇安髭蟾（*L. liui*）及原髭蟾（*L. promustache*）这4种，这些物种同属于角蟾科（Megophryidae）下的拟髭蟾属（*Leptobrachium*），但各种“胡须”的数量和排列方式很不一样，如原髭蟾雄性上唇缘的黑刺可达100多枚，而崇安髭蟾（指名亚种，*L. liui liui*）仅有2枚。

雄性髭蟾为何能够生长出“胡须”？2019年一项针对雷山髭蟾开展的比较基因组学及转录组学研究为我们提供了线索。该研究发现，编码角蛋白的基因在雷山髭蟾中通过串联复制方式增加，这些基因与哺乳动物的毛发角蛋白同源，拷贝数量几乎是其他无尾类动物的两倍。大量的角蛋白基因在雷山髭蟾繁殖季表现出雄性偏向性及上颌皮肤特异性的高表达，所以雄性髭蟾们才具备了尖尖的“胡须”。

峨眉髭蟾爬行时以四肢将身体撑起，仅以指掌接触地面（美丽科学摄影师缪靖翎 摄）

峨眉髭蟾的蝌蚪至少需要经过两个冬天才能完成变态发育（美丽科学摄影师缪靖翎 摄）

髭蟾为相对原始的两栖动物，其跳跃能力不强，在陆地上的运动方式主要为缓慢爬行，在水中时游泳速度也不算快，易被捕捉；其蝌蚪生长发育所需时间较长，通常需要 4 ~ 5 年才能成为成体；其对栖息地环境的变化极为敏感，这些因素都导致髭蟾的种群数量极为稀少。

目前，除崇安髭蟾外，其余四种髭蟾均被列为国家二级重点保护野生动物，这些演化原始、外形奇特的珍稀两栖动物，有望在更好的保护措施下栖息繁衍，“胡子蛙”与“角怪”的故事，将一直流传下去。

照顾孩子

通常，两栖动物的爸爸妈妈在产卵结束后就离开了，受精卵靠自身发育生长。不过，有些种类的雌蛙会照顾孩子，比如草莓箭毒蛙会把小蝌蚪背到树上去。一部分峨眉髭蟾也有照顾孩子的习性，更难能可贵的是，干活的是雄峨眉髭蟾。它先选择在水流平缓且有较大石块的地方筑巢，等待雌蛙；雌蛙产卵完毕即刻离水上岸，雄蛙则坚守在原处保护受精卵。当然，如果有机会，它还可以与其他雌蟾继续配对产卵。

是匹诺曹，也是蛙

文 / 张　伟

它有一个奇特的鼻子，说谎的时候会变长，它就是《木偶奇遇记》里的匹诺曹。它也有一个奇特的鼻子，这个鼻子可长可短，可硬可软，它又是谁呢？它是匹诺曹，它也是蛙。对了，它是匹诺曹蛙。

2008 年，在印度尼西亚新几内亚岛福贾山区的一次考察中，科学家发现了一大批濒危动物，其中就有一种长鼻子的树蛙，是之前从未发现过的。后来这一新物种被命名为北方匹诺曹树蛙（*Litoria pinocchio*）。因为科学家观察发现，这种蛙的鼻子有时会绷直，有时又下垂，很像童话中小木偶的鼻子，因此称它为“匹诺曹”。目前，北方匹诺曹树蛙仅有一只雄性个体标本，存放在印度尼西亚的茂物动物博

北方匹诺曹树蛙（双花 手绘）

物馆。

为什么匹诺曹蛙的名字前面还要加上“北方”二字，难道只是因为它分布在新几内亚岛的北部吗？其实在发现这种蛙之前，已经有其他的匹诺曹树蛙了。

早在1993年，澳大利亚阿德莱德大学的孟席斯就描述了新物种“胡椒匹诺曹树蛙”（*Litoria pronimia*）。孟席斯当时就在巴布亚新几内亚大学，他依据斯蒂芬·理查德1991年在新几内亚岛采集到的标本描述并发表了这一新物种。巧合的是，北方匹诺曹树蛙被发现时，斯蒂芬·理查德也在场，所以，理查德也可以说是发现者之一。

胡椒匹诺曹树蛙和北方匹诺曹树蛙在形态上比较相似，雄性同样有“长鼻子”，具有勃起和松弛两种状态，而雌性则没有“长鼻子”。从地理分布来看，胡椒匹诺曹树蛙分布在新几内亚岛的南部，北方匹诺曹树蛙分布在新几内亚岛北部的福贾山区，两者被中部的高山所隔离。

除了上面提到的两种长鼻子的匹诺曹树蛙之外，这个世界上还有长鼻子的匹诺曹雨蛙（*Pristimantis appendiculatus*）。这个物种于 1984 年被首次描述，分布在厄瓜多尔和哥伦比亚南部海拔 1460 ~ 2374 米的云

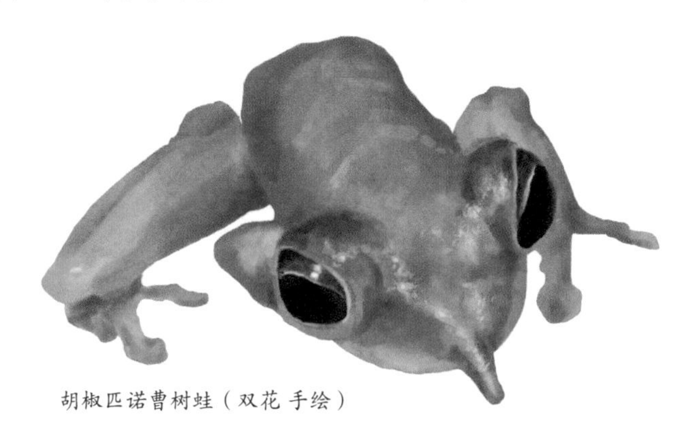

胡椒匹诺曹树蛙（双花 手绘）

雾森林中。

匹诺曹树蛙的鼻子有时候绷直向上，有时候耷拉下来，反映的是它的性征，也可以叫作“性别二态性”。

通常，两栖动物的性别二态性主要体现在体形大小以及指和趾上的结节，其他形式的雄性特征比较少见。而分布于新几内亚岛上的雨滨蛙属（*Litoria*），即匹诺曹树蛙所在的这个属的物种，却具有独特的雄性特征：很多物种都有突出的肉质长鼻子，不同物种的鼻子长度和特征也不尽相同。一些科学家推测，这可能就是它们

的第二性征，如同鸟的羽毛和鹿的角一样。

其实，长鼻子蛙还有不少，这个特点不一定是雄性的专利。除了那些被冠以“匹诺曹”之名的蛙以外，还有被冠以“达尔文”之名的达尔文蛙（*Rhinoderma darwinii*）。达尔文蛙颜色丰富，善于伪装，三角形的头上，也有一个又长又尖的长鼻子。达尔文蛙最奇特的地方是它们抚育幼蛙的方式：雌蛙将卵放在雄蛙的声囊中孵化，变态完成后，雄蛙再将小蛙从口中吐出。

另外，蛙的雌性个体也可能有长鼻子。目前发现体形较小（头体长小于 35 毫米）的 3 种新几内亚树蛙（*Litoria mucro*，*Litoria havina* 和 *Litoria pronimia*），它们的雄性都具有吻端尖刺，而雌性没有。而体形较大（头体长 35 ~ 55 毫米）的四种“长鼻子”树蛙，雌性和雄性都具有吻端尖刺。

达尔文蛙（双花 手绘）

《白蛇传》不只是传说

文/云 哥

中国民间故事《白蛇传》中的女主角叫白素贞，是天性善良、修行千年的蛇妖。不过，这个白素贞只是文学作品中的形象，作为一种真正的蛇，“白素贞”直到2021年才进入人们的视野。这一年的3月，一支由中国学者主导的研究团队在国际分类学期刊《Zookeys》上发表文章，描述了一种新发现的剧毒蛇——素贞环蛇。这是我国学者首次对环蛇属物种进行命名。

说起环蛇属，你可能略感陌生，但提起眼镜蛇、金环蛇、银环蛇这些名字，你或许多少有所耳闻吧。环蛇属（*Bungarus*）是眼镜蛇科（Elapidae）成员，在中国最常见的就是金环蛇、银环蛇这两位“环”字辈成员了，如今，素贞环蛇也被列入。环蛇属的蛇都拥有致命的毒素，它们身体上的环，似乎是它们的招牌。

素贞环蛇（石胜超 摄）

在环蛇属中，银环蛇是中国境内单位剂量毒性最强的陆生毒蛇，被其咬伤者若不能得到及时治疗，死亡率极高。此外，银环蛇还是我国南方造成蛇伤较多的蛇类之一。

之前很长的一段时间里，民间和学界都认为，那些带有黑白相间环纹的毒蛇都属于同一种——银环蛇（*B. multicinctus*），学者们只是把这个种区分出了两个亚种，一个是广布于中国南方的银环蛇指名亚种（*B. m. multicinctus*）；另一个是仅分布于云南西南部的银环蛇云南亚种（*B. m. wanghaotingi*）。所以，当研究团队在云南盈江偶遇这些“银环蛇”时，也差点失之交臂，因为外观上的细微差别往往肉眼难辨，有时候同种个体的差异都可能更大呢！

研究团队在盈江发现的这些环蛇，在外部形态上与我国华东地区分布的银环蛇比较接近。经过广泛且详细的样本形态比较，研究人员发现，盈江的这些环蛇在外部形态、牙齿特征等方面与其他物种有实际区别，结合分子系统发育关系的研究，表明盈江的环蛇样本具有独立的演化地位。

基于上述信息，研究人员确定这是一个前所未知的物种。由于环蛇属物种与人类关系密切，并且是首个由中国学者命名的环蛇属物种，决定采用中国传统神话故事《白蛇传》中的人物白素贞来命名，于是有了素贞环蛇（*B. suzhenae*）这个名字。素贞环蛇具有众多的白色横纹，是自然界中相对接近“白蛇”形象的物种。它的蛇尾腹面几乎为纯白色，体背的白色环纹边缘略呈不规则波纹状，并有黑色杂点。

团队研究了眼镜蛇科中多个物种的毒牙形态及数量。在大多数眼镜蛇科成员里，其上颌骨前方最大的主毒牙后方，尚有几颗不发达的短小沟状副毒牙存在，主毒牙和副毒牙之间以平坦的齿间隔。副毒牙的数量在眼镜蛇科的种内较为稳定。在环蛇属中，银环蛇种组的上颌骨副毒牙均为 4 枚，而素贞环蛇的为 3 枚，彼此形成了稳定的差异，从而进一步证实了素贞环蛇这一新种的有效性。

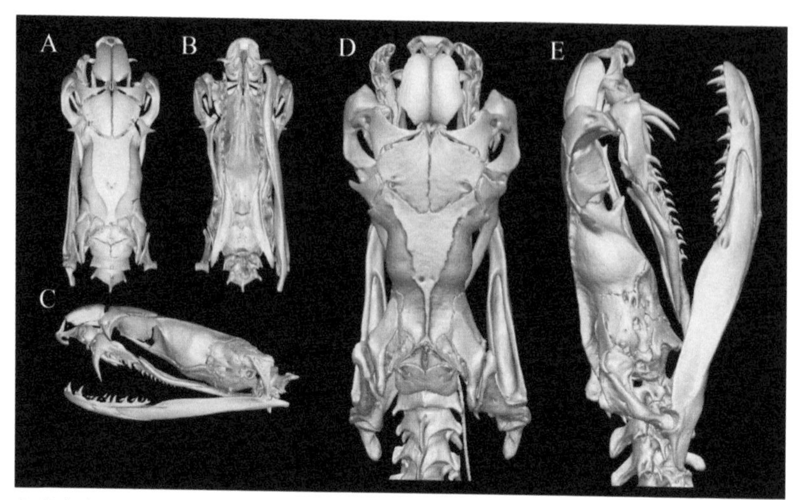

新种素贞环蛇头骨 CT 三维重建图（中国科学院古脊椎动物与古人类研究所 脊椎动物演化与人类起源重点实验室 供图）

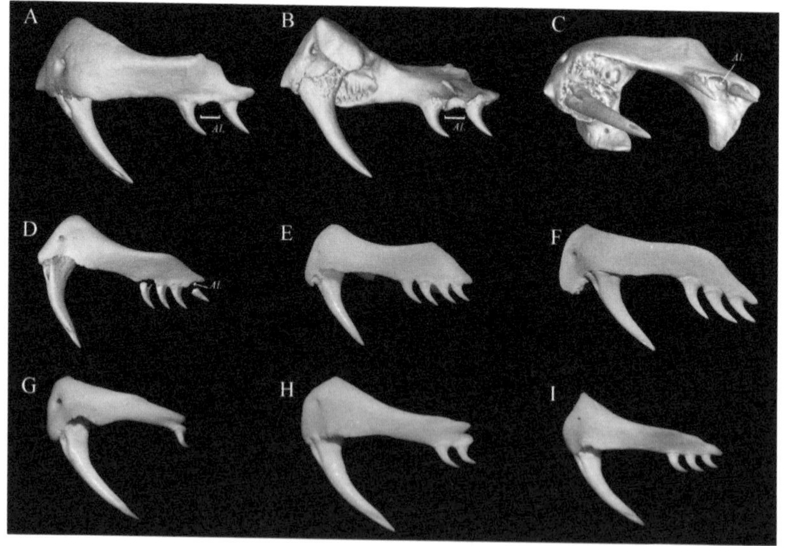

图注：眼镜蛇科蛇类上颌骨比较（中国科学院古脊椎动物与古人类研究所 脊椎动物演化与人类起源重点实验室 供图）

A—C. 新种素贞环蛇，副模（第 2 枚上颌齿缺失，但牙槽仍在）
D. 银环蛇云南亚种
E. 银环蛇指名亚种
F. 金环蛇
G. 舟山眼镜蛇
H. 非洲森林眼镜蛇
I. 眼镜王蛇（1/2 比例）

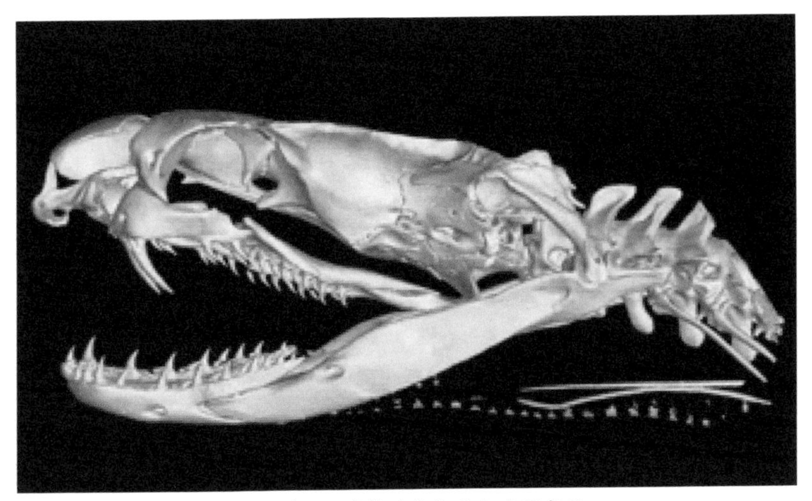

新种素贞环蛇头骨（中国科学院古脊椎动物与古人类研究所脊椎动物演化与人类起源重点实验室 供图）

已知素贞环蛇分布在云南省盈江县，以及缅甸北部克钦邦。其中，来自缅甸克钦邦的这号样本背后隐藏着一段悲壮的故事。

2001 年 9 月 11 日早晨，美国的两栖爬行动物学家约瑟夫·斯洛文斯基在缅甸北部的野外考察中，不慎将手伸入到装有标记为链蛇属“Dinodon”物种（无毒蛇）的采集袋中，被一条黑白环的幼蛇咬伤。

当日上午，约瑟夫·斯洛文斯基开始出现神经系统麻痹、呼吸困难以及口齿不清等症状，需要依靠举手才能保持清醒。中午时分，他已经无法自主呼吸和说话，只能通过写字条进行表达，考察队员则接力进行人工呼吸以维持他微弱的生命。到了第二天凌晨 3 点，约瑟夫·斯洛文斯基仅能通过动脚趾来进行表达。

非常不巧的是，那天的天气条件异常恶劣，导致医疗救援队根本无法搭乘直升机及时赶到，最终，这位动物学家的心脏在9月12日12:25停止跳动。研究团队当时以为是银环蛇的幼蛇实施了这次袭击，但在事后回顾时，发现这条咬伤约瑟夫·斯洛文斯基先生的“童子蛇”，正是素贞环蛇。

在国内病例中，被素贞环蛇咬伤的患者除感觉疼痛外，早期伤口周围还会出现明显的发黑现象，并伴随呼吸系统麻痹，这与被银环蛇咬伤后的情况不符，后者的局部症状不甚明显。

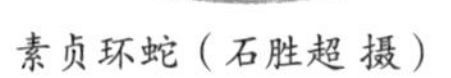
素贞环蛇（石胜超 摄）

不可忽略的是，素贞环蛇具有与银环蛇相似的强烈的神经毒性。由于抗蛇毒血清是根据某一类蛇毒而制备的特异性抗体，因此是治疗其咬伤的唯一特效药物。目前，若是不慎被素贞环蛇咬伤，首选抗银环蛇毒血清，特殊情况亦可用抗眼镜蛇毒血清代替。而在抗蛇毒血清发挥作用之前，启用机械呼吸系统（呼吸机）是争取宝贵治疗时间的关键。

无论你是专业人士还是爱好者，在野外活动时都应格外留意野生动物，在保护它们的同时，也要保护好自己不受伤害。在经过可能隐藏毒蛇的草丛、石块堆、落叶堆等环境时，可以使用登山杖或者棍子敲击和检查后再通行，“打草惊蛇”是非常有用的。而如果刚巧遇到具有黑白环的蛇，千万不要掉以轻心，不论是否有毒，都应远离避开。

银环蛇与白环蛇

在野外，任何掉以轻心都可能付出惨重的代价，因为动物之间的模仿常常会出乎我们的预料。银环蛇的毒性是众所周知的，于是便有其他种类的蛇，特别是无毒蛇，“山寨”了银环蛇的“长相”，为的就是让天敌有所顾忌。

看看白环蛇，你能分辨出它与银环蛇的不同吗？

黑背白环蛇（张伟 摄）

江湖人称“野鸡脖子”

文 / 陈智威

在野生动物的“江湖”中，有一种俗称“野鸡脖子”的动物，猜一猜，它会是一种什么动物呢？是一种蛇！

俗名“野鸡脖子”的蛇，它的学名为虎斑颈槽蛇（*Rhabdophis tigrinus*），属于爬行纲游蛇科颈槽蛇属。因为这种蛇的颈背中央有一道明显的沟槽，且枕部两侧有一对粗大的八字形黑斑，所以得了“虎斑颈槽蛇”这个名字。至于“野鸡脖子”这个俗名，似乎与其特征并无特别相关之处，只是民间的一种习称。

虎斑颈槽蛇栖息在山地、平原地区的河流、稻田等水域附近，以两栖类和小型鱼类为主食，偶尔也吃小鸟、小鼠。在我国，虎斑颈槽蛇的分布范围非常广，北至东北，南至云贵，都有它们的身影出现。

虎斑颈槽蛇的背部主要体色为翠绿色或草绿色，在它的脖颈处有着黑色和橘红色相间的斑纹，

虎斑颈槽蛇（颈部特征明显）（龚宇舟 摄）

蛇体后段红斑较少，大部分为黑斑，蛇腹面呈黄绿色。因为分布广泛，在世界上的其他区域还存在着无斑个体、深紫色个体、黑色个体（黑化型）等不同色彩的样本。

说到蛇，很多人首先想知道的是：这是一条毒蛇吗？大多数人认为，虎斑颈槽蛇是无毒蛇，这不仅是因为它性情温顺，还因为有不少人把它当作宠物来饲养。事实上，虎斑颈槽蛇是一种剧毒蛇，只是由于它的毒腺和毒牙并不顺畅连通，即便被它咬到，也不太会立即中毒，因此很多人放松了警惕性，而这种松懈，有时候会是致命的。

虎斑颈槽蛇的上、下颌左右各有两排细小的牙齿，没有特化的毒牙，但口角上方最后两枚上颌齿变形为无管、无沟的后毒牙。后毒牙与上颌骨、横骨连结牢固，活动性差，两枚毒牙大小差异不明显，呈利刃状。

此外，虎斑颈槽蛇具有两个产毒腺体，即位于口腔上颌部位的达氏腺和位于颈背部的颈背腺。达氏腺位于眼后上唇鳞下，呈叶状，含有毒液，毒液通过开口于后方上颌牙旁边的一根导管流至口腔，由于导管非常短，无法和毒牙相连，于是便伸入到毒牙周围的上皮细胞区。正因为虎斑颈槽蛇的毒牙和毒腺没有连通，所以只能通过上颌与毒牙连接的肌肉缝隙注射毒液，注毒速度慢，如果不是长时间咬住猎物，就不会致使猎物中毒死亡。

专家对虎斑颈槽蛇达氏腺产生的毒液进行了研究，发现其具有较高的致死率，相当于五步蛇（*Deinagkistrodon acutus*）的毒性。该毒液中含有破坏凝血功能的物质，可能导致被咬者伤口无法及时愈合，最终因出血过多引发严重后果。

此外，虎斑颈槽蛇的颈背部皮下有 10 对左右的产毒腺体，呈链珠状分布，各腺体间相对独立，无明显的排毒管存在。当虎斑颈槽蛇受到挤压或遇到危险时，腺体极易破裂喷射出毒液。若毒液溅入受袭动物眼中，会使其疼痛不堪，导致眼角膜受损，引发视力障碍、瞳孔缩小、角膜雾浊等症状。专家对颈背腺的毒液成分也进行了分析研究，发现其中有一种物质与蟾蜍皮肤表面的毒素类似，因此，有学者猜测这些毒液源自蟾蜍等其他动物身上的毒素，经猎食后聚集于腺体中。当然，事实是否如此还有待进一步的研究。

目前，国内对于虎斑颈槽蛇蛇毒的致毒机理研究尚不明朗，也未研制出专门的抗蛇毒血清，一旦出现重伤患者，很难采取有效的措施予以治疗。所以，对这位“野鸡脖子”最好还是多加小心。

虎斑颈槽蛇颈背腺体（龚宇舟 摄）

上海自然博物馆的蛇类展柜（高洁 摄）

赤链蛇

赤链蛇（*Dinodon rufozonatum*），游蛇科链蛇属的一种，虽不是全身火红，却也红黑相间。由于红色鲜艳夺目，因此常被叫作“火赤链”。火赤链虽属于无毒蛇或者仅有微毒，但性情凶猛，一旦在野外遭遇，千万不可大意。

赤链蛇（张伟 摄）

谁是你说的乌龟

文/葛致远

自打小有印象起，“龟”这个字的前面似乎必然有个“乌”字。我们用“乌龟”指代所有的龟。海里游的“乌龟”是海龟，地上爬的“乌龟”是陆龟，花鸟市场卖的“乌龟”则花样繁多，有的腹部橙红，有的身上印花，有的背部粗糙，有的爱吃蔬果胜过鱼虾。事实上，它们虽然确实都是龟，但又不能都算作“乌龟”。

在中国传统文化中，“龟”一词最早出现在殷商时期的甲骨文中，确实被用来指代具有坚固外壳的龟鳖目动物。东汉的《说文解字》中对龟的解释是：“龟，旧也。外骨内肉者也。”这里说的是“龟”而非“乌龟”，老祖宗用词还是相当严谨的，毕竟“龟”和“乌龟”不能完全画等号。

“乌龟”一词最早何时出现尚难以考证。唐代诗人韩愈曾在他的《月蚀诗效玉川子作》中写道：“乌龟怯姦，怕寒缩颈，以壳自遮。”这应该算是较早使用“乌龟”一词的文献记载了。但即使如此，“乌龟”的出现频率依然不高，似乎直到进入近代，“乌龟”被用来指代龟类的情况才越发频繁。

其实，在生物学上，乌龟不是指一批龟，而是特指某一种龟。从字面意思来看，乌即黑，乌龟应该指的是一种全身黝黑的龟。而在我国东部的广大地区，恰恰广泛分布着一种成年后全身发黑的龟（*Mauremys reevesii*），别名草龟或普通乌龟，宠物圈也称之为“中华草龟”。这种龟的雌龟全身皮肤呈黄绿色，头和颈部侧面有黄色线状斑纹，背甲颜色以棕褐色为主，有三条棱，腹甲颜色为棕黄色，是宠物市场上较常见的龟种之一，常被称为金线龟。雄龟在成年前外观和雌性非常相似，但随着年岁增长，身上会出现越来越多的黑色素沉淀，最终从龟甲到皮肤，甚至连眼睛，都会变得全黑，犹如被放到墨水中浸泡过一般，所以人们又形象地称之为“墨龟”。这种龟，正是乌龟。值得一提的是，并非所有的雄性乌龟都会在成年后完全墨化。经过长期观察，人们发现不同的雄性个体，墨化所需的时间和墨化程度都会存在较大差异。至于其中缘由，目前还没有一个明确的解释，可能除了雄性激素外，还涉及综合环境、食物等多种因素吧。

雌性草龟（毛毛 摄）

雄性草龟（毛毛 摄）

在我国的江苏、安徽、湖北、广西等地，还有一种特别的乌龟。乍一看，它与草龟非常相近；但细看之下，你会惊讶于那个占到背甲宽度三分之一至二分之一的宽大头部，以及与喙部几乎垂直的吻部。1934 年，我国学者方炳文根据在南京获得的 2 雌 1 雄共 3 个标本命名了这个新的龟种——大头乌龟（*Mauremys megalocephala*）。由于大头乌龟和普通乌龟的外观过于接近，普通人很难特别注意，因此人们对它们知之甚少，国际学术界甚至对于它是否为一个有效种仍然存在着争议。有的学者认为，大头乌龟就是普通乌龟，大头只是特定地

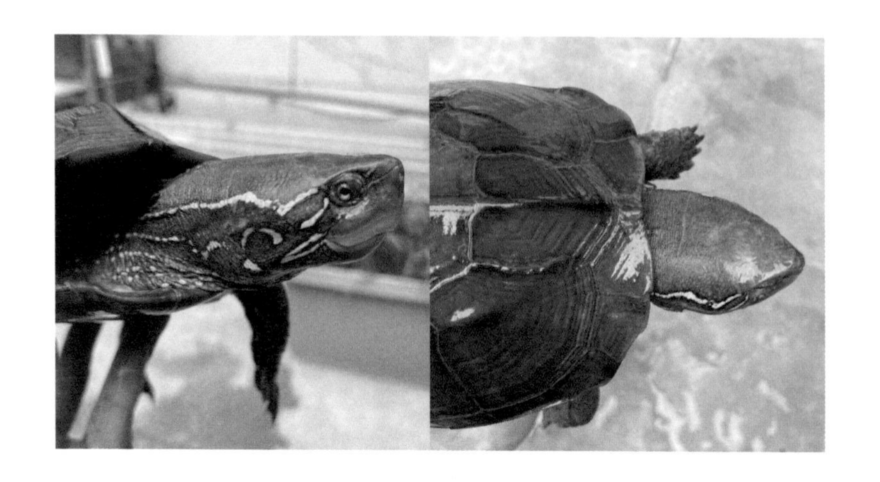

区的乌龟种群，是对以底栖贝类为食的一种适应性特征；分子生物学的研究也表明，两者的线粒体基因组并无明显区别；但同时，骨骼学研究和染色体形态学研究又倾向于将两者划分为不同的物种。还有学者提出了别出心裁的推论，认为大头乌龟实为杂交后代，比如雌性乌龟和雄性黄喉拟水龟的后代。更有学者经过研究后认为，大头乌龟可能通过孤雌生殖来繁衍后代，这可以解释为什么在市场上找不到雄性大头乌龟……

大头乌龟（阿艺 摄）

在养龟圈内，还“流传”着日本草龟一说。这一龟种在很长一段时间内，确实被当作一个日本本土物种，在当地被称为“臭青龟”。其实，它就是我国的普通乌龟，也就是草龟。古生物学的研究也表明，在日本出土的大量本土龟类的早期化石中，没有草龟这一种。而在日本的文献资料中，直到1805年的《本草纲目启蒙》中才首次提到日本草龟，文献中描述的日本草龟的分布区域也仅限于海外贸易频繁的日本西部地区。科学家还对日本草龟和其他地区草龟的线粒体基因进行了比对，发现它们的基因序列几乎一模一样。也就是说，它们更可能是通过贸易往来等途径，由韩国、中国等地引入日本，再逐渐扩散至日本全境的。

尽管人工养殖的发展给不少龟种的繁衍带来了巨大的好处，但野外生存的龟种却遇到了前所未有的困难。入侵物种的竞争、栖息地的破坏、环境污染的加剧、人为捕捉的威胁……目前，所有的龟种都被列入了《国家重点保护野生动物名录》。所以，当你去到花鸟市场，想要买一只龟时，一定要先确认它的来源合法，这既是对龟的保护，也是对你自己的保护。

巴西龟（葛致远 摄）

生态杀手巴西龟

巴西龟（*Trachemys scripta elegans*），也叫红耳龟，产自美洲。幼龟眼后两侧各有一鲜红色的条纹，好像挂着两只红耳朵，非常惹人喜爱，由此成为了不少人的宠物。巴西龟食性凶猛，生长迅速，如果将它在野外放生，那么周围其他龟类几乎就没有活路了，堪称“生态杀手”。

世界龟鳖日快速扫描

文/张　伟

自 2000 年起，每年的 5 月 23 日是世界龟鳖日（World Turtle Day），这一天，世界各地的龟鳖爱好者会开展多种形式的活动，目的是引起人们对龟鳖，特别是海龟的关注，唤醒大家对于龟鳖类多样性保育的意识。

在分类学上，龟鳖目（Tesudines）是脊索动物门爬行纲的一目，出现在晚三叠世，距今约 2.2 亿年，在地球历史中鱼鳖类是个成功的门类，共有 40 个化石科和现生科的记录，现存 14 科共 300 多种各类龟、鳖。

龟鳖类成员广泛分布于陆地、河湖和海洋环境，它们的肋骨进化成特殊的骨质和软骨护盾，称为龟甲。大多数种类的头、尾和四肢可收缩纳入甲壳中，以保护自身免受猎食动物的袭击。

棱皮龟

世界上最小的龟是生活在南非的斑点珍龟（*Chersobius signatus*），其体长不超过 8 厘米，体重不过 140 克。

世界上最大的龟是棱皮龟（*Dermochelys coriacea*），其背壳长度可达 2 米，重达 900 千克。

除了个子大，棱皮龟还是唯一的软壳海龟。不同于其他海龟，棱皮龟没有坚硬的背壳，柔软的革质表面有七条纵脊，摸起来类似橡胶的质地，具有黏性。因此，它们适应深海高压，能潜入其他海龟无法涉足的海域。棱皮龟的迁徙距离在所有海龟中首屈一指，它们的活动区与筑巢的海滩相距可达 7000 千米。

龟鳖目的两个组成部分是龟和鳖，也就是通常所说的乌龟和王八。两者最简单的区别就是龟甲是硬的，而鳖甲是软的，即使是海龟中的另类——棱皮龟，它们的龟甲也明显要比鳖甲硬。在鳖这个家庭（鳖科）中，也有两个大家伙，它们就是鼋和斑鳖。难能可贵的是，龟鳖目中的大个子一般出现在广阔的海洋中，但这两种却是淡水种类。

我国的一级保护动物鼋（*Pelochelys cantorii*）是世界上最大的鳖，体长可达1.2米，体重可达100千克。目前，除浙江的瓯江尚有少量个体外，其他水域已经很难见到鼋的踪影了。

鼋（高洁 摄）

在我国长江下游曾经栖息着另外一种大型淡水鳖——斑鳖（*Rafetus swinhoei*）。大英博物馆的动物学家约翰·爱德华·格雷早在1873年就根据罗伯特·史温侯从上海寄出的斑鳖标本，对其进行了描述，他将其定名为“Oscaria swinhoei”，同时形容斑鳖为“从未被发现的、最美丽的鳖科物种”。

然而，长期以来，斑鳖一直被误认为是鼋或中华鳖，直到2002年后才被确认为有效物种。在古代，斑鳖曾广泛分布于长江下游和太湖地区，由于过度捕杀以及栖息环境的恶化，自1972年以来，人们再未发现任何野生的斑鳖个体。

2019年4月13日，苏州动物园的一只雌斑鳖在人工授精后意外死亡，至此，全世界仅存3只斑鳖，分别在越南河内的同莫湖与宣汉湖，以及中国的苏州动物园。2020年10月，好消息从越南传来，同莫湖新发现1只雌性斑鳖，科学家将利用有限的资源，对斑鳖的繁育开展新的拯救计划。

全球共有 7 种海龟，其中 5 种在我国沿海有分布，它们是棱皮龟（*Dermochelys coriacea*）、玳瑁（*Eretmochelys imbricata*）、太平洋丽龟（*Lepidochelys olivacea*）、绿海龟（*Chelonia mydas*）和蠵龟（*Caretta caretta*），均为一级保护动物，被《中国生物多样性红色名录》评估为“极度濒危”。你可以通过参观上海自然博物馆的“生命长河”展区，了解和认识这些海龟。

上海自然博物馆的“生命长河”展区（高洁 摄）

棱皮龟标本（高洁 摄）

龟的背甲一般由多块近六角形的小甲片组成，且大多是“十三块六角（形）”，唯独棱皮龟的背甲没有小甲片，但它的脊背上有明显的七条纵棱。这是它最与众不同的特征。

玳瑁的吻部上颚如鹰钩，背甲从头至尾一片盖着一片，俗称“覆瓦状”，质地极为坚硬。

太平洋丽龟体形相对较小，背甲近圆形。背侧肋盾多是它的一个特点，可以多达 6 ~ 9 对。

绿海龟是海龟中的大个子。左右肋盾只有 4 对，与太平洋丽龟相比明显减少。体内脂肪因含叶绿素而呈现为绿色。

绿海龟标本（高洁 摄）

玳瑁标本（高洁 摄）

蠵龟背部以褐红色为主，故有别名“红海龟”。其左右肋盾一般有5对，极少数个体为6对。

龟鳖类是与恐龙同时代、具有“活化石”之称的爬行动物，在探索生物进化、长寿机理等方面具有重要的科学价值。在中国的传统文化中，龟类与龙、凤、麟并称为“四灵”，且是“四灵”中唯一真实存在的动物，是吉祥、长寿和力量的象征。可惜，正是人们对龟鳖类动物的渴望促成了巨大的市场需求，导致这类生长奇慢、行动迟缓的动物走向了濒危的境地。

当前，中国龟鳖类动物野生种群的生存岌岌可危，根据《中国生物多样性红色名录》的评估结果，除3种缺乏数据外，其余龟类全被列为“濒危”或“极度濒危”等级。如果不采取有效的保护措施，中国的野生龟鳖将遭遇毁灭性打击。

太平洋丽龟标本（高洁 摄）

蠵龟标本（高洁 摄）

闭壳龟

若你仔细观察，会发现大多数龟其实只能将头缩进龟壳里，且往往缩得不够彻底。有一类龟却可以把头和四肢完全缩进壳，且背甲和腹甲上下一合拢，只留给外界一个硬壳，这就是闭壳龟。闭壳龟（*Cuora*）是龟科的一个属，有三线闭壳龟、云南闭壳龟、金头闭壳龟等10多种。闭壳龟栖息在我国和东南亚等地，野生种群绝大多数已处于濒危状态。

三线闭壳龟

爬在玻璃上的大眼萌

文/杨　旭

在上海自然博物馆的“体验自然”展区，有一位能够在玻璃舞台上“走秀”的四脚大仙——睫角守宫。

睫角守宫（杨旭 摄）

这不是壁虎嘛！看到这个小家伙的第一眼，你大概会脱口而出。是的，你没有说错，它确实是壁虎科的一位成员。在中国的传统文化中，壁虎也叫“守宫”，所以科学家在给不同种类的壁虎起名时，也用上了“守宫”这个词。本文的主角，就是一种有着特别睫毛的壁虎，它的大名是“睫角守宫”。

睫角守宫（*Rhacodactylus ciliatus*），原产于南太平洋的新喀里多尼亚群岛，属爬行动物纲有鳞目蜥蜴亚目壁虎科。睫角守宫是一种典型的夜行性和树栖型守宫，生活地多为热带雨林地区，主要特征是有着竖立的睫毛和不同色系的体色。它在野外以小型昆虫和无脊椎动物为主食，也喜食花蜜、热带水果等甜食，是一种杂食性爬行动物。

睫角守宫的“长睫毛”（杨旭 摄）

睫角守宫，顾名思义，这种守宫的眼睫毛长得像角一样。其实，挺立在炯炯有神的大眼睛周围的，是10多根皮刺，这些皮刺组成了守护眼睛的冲天“长睫毛”。仔细观察，还可以发现，自双眼开始的两排短小皮刺，向后隆起延伸到头颈相接处，并一直在整个背部延展，直至与尾巴连接处。

在白天光线充足的时候，睫角守宫的黑色瞳孔缩成了一条线，不过，即使只露出虹膜部分，那双眼睛也如宝石般熠熠生辉。睫角守宫一度在野外无影无踪，以至于学术界认为它已经灭绝，直到在一次科考中的意外再发现。自此，这种特别的小壁虎受到万众瞩目，并通过人工繁育，逐渐成为宠物市场上的“大眼萌”。

睫角守宫的眼睛虽大，却不能像变色龙一样左右眼单独旋转 180 度。但它拥有更厉害的功夫，那就是飞檐走壁。它们不仅能在垂直的墙壁上运动自如，还能在天花板上爬行和停留。

到底是什么样的身体结构成就了守宫飞檐走壁的神功？秘密就在它们的脚趾上。

守宫每只脚上有 5 个脚趾，每个脚趾底部都有一条条的弧状褶皱，长度约为 1 ~ 2 毫米。起初人们以为，守宫能够横着爬甚至倒着爬，依靠的是趾底类似海星管足上的吸盘，是强大的吸力成就了它的惊天绝技。其实，大家都猜错了。

守宫的脚趾（杨旭 摄）

上世纪60年代，电子显微镜发明以后，守宫们（包括其他壁虎）的趾底秘密被揭开了。原来，它们的趾底错综复杂地密布着成簇的纤毛，每只脚趾上都有数百万根，每根纤毛的直径约为人类头发丝的十分之一，而每根纤毛又由上百根极细的带钩丝状物组成。也就是说，守宫们带着趾底的上千万个钩子在走路，这些钩子可以辅助守宫轻而易举地抓住物体的表面，即使在光滑的玻璃上也能毫不费力地爬行。

虽然守宫的种类各异，但是它们脚趾底部的微观结构基本是一致的，这也是为什么大大小小不同模样的壁虎都能够在各种环境中穿行自如的原因。

壁虎脚趾拥有如此强劲的黏附力，人类是不是可以借鉴一下呢？英国的科研人员模仿壁虎脚趾的微结构，研制出一款柔韧的胶布，上面覆以数百万根人工合成的绒毛。据科学家推测，这样一块巴掌大的胶布却威力无比，足以承受一个成年人悬垂的重量！

壁虎在遇到强敌袭击的时候，如果情况紧急，它们会及时切断自己的尾巴。那条尾巴在离开身体后仍能扭动，吸引敌人的眼球。在那一刻，尾巴的主人则趁机逃之夭夭。大概2～3个月后，壁虎就可以长出一条新的尾巴。

上海自然博物馆活体养殖区域（高洁 摄）

不过，这个规律在睫角守宫这里失效了。虽然睫角守宫在遭遇天敌时，尾巴也能迅速掉落，断尾也可独自跳动 2 ~ 5 分钟吸引捕食者的注意，但断尾的睫角守宫并不会长出新的尾巴。也就是说，睫角守宫的断尾求生，是一个“一次性”的招数。饲养睫角守宫的朋友尤其要注意这一点，切忌盲目下手捉它。要知道，守宫的尾巴是它的第五条腿，具有辅助攀爬的作用呢。

喜欢睫角守宫的朋友，还特别喜欢观察用餐完毕的它，因为睫角守宫像猫咪一样，餐毕需要用舌头来清理粘在脸上的食物残渣。那条翻卷自如的巧舌，是摄影师最爱抓拍的部位。当然，整个壁虎科有70多个属，中国产的就有约10属30种。除了这位大眼睛的睫角守宫，上海自然博物馆的“体验自然”展区还会不定期地入住一些新朋友，例如：鬃狮蜥、新疆沙虎……它们个个身怀绝技，观赏价值极高。

豹纹守宫

这是另一种深受人们喜爱的观赏小壁虎。经过多年的精心培育，如今的豹纹守宫有着许多特别的体色，总体来说，其幼体时色彩变化多端，成体阶段则多含豹斑，这也是豹纹守宫名字的由来。

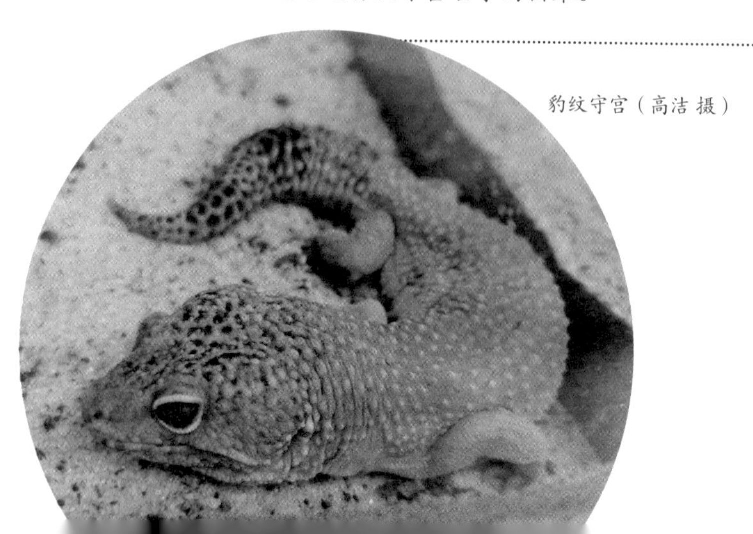

豹纹守宫（高洁 摄）

变色龙的“大招”

文/杨　旭 韩俊杰

变色龙有个正式的名字，叫作“避役”，是爬行动物蜥蜴大家族中的一个分支。变色龙的世界从来不缺奇闻：它们体形迥异，有的大如黄狗，有的则“迷你”似人的手指；生境从高大树枝到广袤荒漠，可以说，到处都活跃着它们的身影。不过，它们有一个共同点——天生的“伪装大师”。为了充分发挥自身的伪装优势，以便能够完美地躲避天敌，或出其不意地狙杀猎物，变色龙练就了各种本领。

对于变色龙来说，首先“站”稳脚跟是必须的！所以，握技自当成为变色龙的“拿”手好戏。

“23 式”前足和“32 式”后足

与其他蜥蜴目动物不同，变色龙的前肢有2个脚趾向外，3个脚趾向内；后肢则反过来，有3个脚趾向外，2个脚趾向内。内外脚趾构成抱握器，帮助变色龙适应狭窄的树丛生活，完美地提高抓握能力。“23式”前足和“32式”后足，搭配“第五条腿”——灵活自如的尾巴可缠卷树枝，防止摔落。这种“4+1”的身体构造在变色龙身上简直配合得天衣无缝！

然而，并非所有变色龙都生活在树上。在非洲，至少有15种变色龙生活在地面上，如小胡子短尾变色龙。这种很小的变色龙体色与枯叶极其相似，颜色单一，甚至长出了叶脉图案。虽然四肢的脚趾仍然是抱握器的构造，但与树栖变色龙不同，小胡子短尾变色龙的尾巴已经完全退化，几乎没有抓握能力了。

有人说，变色龙的舌尖上有黏液，可以粘住小昆虫。还有人说，变色龙的舌头可以紧紧卷住食物，再送进嘴里……

那么，变色龙的舌头到底是如何工作的呢？

科学家在高速摄影和X射线影像的帮助下发现，变色龙在捕食时主要依靠舌尖产生的强大吸力“抓取”食物。从舌根到舌尖，变色龙的舌头压根就是一个精妙的捕猎装置！

舌尖“抓取”食物

这个看似复杂的器官，其实是一根肌肉空心管，舌根部是锥形的软骨棒。放松的时候，舌头的肌肉会堆叠在软骨棒上，当变色龙发现猎物并准备出击时，舌头后面的肌肉就会将其推至发射位置。变色龙目测好距离，站定位置，摆好姿势，就在它的超级舌头闪电般地射向目标的一刹那，一股强大的力量产生了：舌尖火速形成一个具有空气负压的“吸力杯”，只要舌头一接触猎物，“吸力杯”的内腔便立即扩大，凹陷内形成的真空就把小昆虫牢牢地吸住了。

这股吸力比通常有黏性的舌头产生的力量多出6倍。而后，真空泵一般的舌头组织再将“吸力杯”拖拽回来。通过“一弹一吸一收”，一餐美味便轻松入口了！

变色龙古灵精怪的眼睛构造方便其聚焦目标，获得精准的视力，确保眼观六路。这双独特的眼睛为行动缓慢的变色龙提供了极大的保护。

变色龙的眼睑上下结合为环形，感觉是个双眼皮。突出的眼球分别长在两个可上下前后转动的“底座”上，各自独立做360度转动。当它一只眼睛向前看时，另一只却可以向后看，两只眼睛既分工又合作，可以全方位、无死角地注视八方。对于送上门的美餐，它们会当机立断，收入口中。若发现险情，它们又会毫不犹豫地施展下一个看家本领。

变色龙的眼睛

变色龙的眼睛

变色龙之所以扬名天下，主要就是靠魔术师般的变色绝技。它们改变体色不光是为了伪装自己、规避敌害，也是“心情”的反映，是互相沟通交流、信息传递的一种方式。变色龙的皮肤会随着所处环境的背景颜色、温度、湿度，以及“心情”好坏发生变化。无论是赤橙黄绿，还是混合色、斑点色，变色龙们都驾驭得游刃有余。用皮肤来说话，用色彩来宣泄内心的情感——怎么变，都有型！

正因为变色龙能够持续放大招，所以经常受到人们的关注和喜爱。不过在我国，所有野生变色龙都是保护动物，买卖和饲养都需要办理正规手续。不要随意从小贩手中购买它们哦！

“身入其境”的变色龙

变色龙的变色真相

美国生态学家克里斯托弗·卡森认为，在自然环境中，大多数变色龙都能很好地与周围环境相融，以求降低自身的存在感；但当它们一反常态地改变自己体色而试图增强自身存在感时，可能只是为了取悦异性。

瑞士日内瓦大学的科学家研究了马达加斯加七彩变色龙（*Furcifer pardalis*）求偶期间的变色过程。他们发现，不同年龄和性别的七彩变色龙，都可以通过两种分别含有黑色素和一种未定义的深蓝色素的暗色素细胞来调节其皮肤的亮度。当雄性变色龙遇到它的“情敌”或“心上人”时，它可以将体色的绿色斑块部分转变为黄色或橙色，而蓝色斑块部分转变为明亮的微白色和红色。这一过程只需几分钟便能完成，且完全可逆。

这项研究还表明，变色龙的变色过程与化学的关系并不十分密切。变色龙的细胞里嵌有两层重叠的纳米晶体，当它需要改变体色时，这些晶体的位置会发生改变，于是变色龙的皮肤可以反射出不同的颜色。当变色龙的皮肤接收到兴奋信号，相邻的纳米晶体之间的距离拉长，每一个含有纳米晶体的“虹色素细胞”选择性地反射波长较长的可见光，如黄色、橙色和红色。变色龙的皮肤并不是完全平坦的，它可以随着自身放松或兴奋的不同状态来调节皮肤上复杂的3D结构，从而呈现不同的体色。变色龙的体色改变是其细胞中的晶体玩的“小把戏”！

图书在版编目（CIP）数据

蝌蚪是谁的孩子 / 刘哲主编. -- 上海：少年儿童出版社，2023.3

（多样的生命世界．悦读自然系列）

ISBN 978-7-5589-1540-6

Ⅰ．①蝌… Ⅱ．①刘… Ⅲ．①动物－少儿读物 Ⅳ．①Q95-49

中国国家版本馆 CIP 数据核字 (2023) 第 028347 号

多样的生命世界·悦读自然系列

蝌蚪是谁的孩子

刘　哲　主　编

高　洁　副主编

上海介末树影像设计有限公司　封面设计

陈艳萍　装　帧

出版人　冯　杰

责任编辑　赵晓琦　美术编辑　陈艳萍

责任校对　沈丽蓉　技术编辑　陈钦春

出版发行　上海少年儿童出版社有限公司

地址　上海市闵行区号景路 159 弄 B 座 5-6 层　邮编　201101

印刷　上海中华印刷有限公司

开本 890 × 1240　1/32　印张 5.875

2023 年 5 月第 1 版　2023 年 5 月第 1 次印刷

ISBN 978-7-5589-1540-6/ G · 3723

定价 48.00 元